WISSEN & VERSTEHEN

DINOSAURIER

Herrscher der Urzeit

von
JOHN MALAM

garant

ICH WAR DABEI …

DAS GESTEIN GIBT SEINE GEHEIMNISSE PREIS

DIE ENTDECKUNG DES *TYRANNOSAURUS REX*

Vor 65 Millionen Jahren war das Klima auf der Erde heiß, die Vegetation üppig, und Flüsse trieben einem großen Binnenmeer entgegen. In dieser Zeit gediehen vor allem Dinosaurier, Krokodile, Salamander, Schildkröten und kleine Säugetiere. Wenn die Flüsse über die Ufer traten, ergossen sie sich in Flussauen; beim Rückzug hinterließen sie dort weiche Sedimentschichten. Einige Tiere gerieten zufällig in diese Schlamm- und Sandablagerungen, andere wurden durch Hochwasser dorthin gespült; sie alle sanken in den schlammigen Sarg hinab. Als die Ablagerungen hart wurden und versteinerten, wurden aus den Überresten der Tiere Fossilien. Eines davon war ein *Tyrannosaurus rex.*

Die Suche nach Dinosauriern

Wir begeben uns ins Jahr 1902 und nach Hell Creek, an die Ufer des Missouri in Montana, USA. Hier lebten und starben einst Dinosaurier in den Flussauen nahe eines Meeres. Heute sieht es dort ganz anders aus. So weit das Auge reicht, besteht die Landschaft aus Gesteinsformationen und tiefen Schluchten. Das Museum für Naturgeschichte in New York organisierte eine Expedition, um das uralte Gestein – das unter dem Namen Heel-Creek-Formation bekannt wurde und in dem man Dinosaurierfossilien vermutete – vor Ort zu untersuchen. Die Untersuchung leitete der Museumspaläontologe Barnum Brown.

Ein Dinosaurier-Friedhof

Brown und sein Team überquerten mit Pferden das zerklüftete Gelände und suchten nach Hinweisen auf das einstige Leben dort. Sie fanden den berühmtesten Dinosaurier der Welt. Zunächst entdeckten sie einen *Triceratops,* doch dann kamen Knochen eines völlig anderen Dinosauriers zutage. Brown hatte ähnliche noch nie zuvor gesehen. Gehörten sie zu einer bisher unbekannten und für die Wissenschaft vollkommen neuen Art? Der einzige Weg das herauszufinden bestand darin, sie auszugraben, ins Museum zu transportieren und dort neu zusammenzusetzen. Schwere Gesteinsblöcke, die wertvolle Dinosaurierfossilien einschlossen, wurden aus dem felsigen Untergrund herausgeschlagen. Mit Pferd und Wagen wurden sie zur nächsten Eisenbahnstation, 225 km vom Ausgrabungsort entfernt, transportiert; von dort wurden sie nach New York gebracht.

Entdecker der Fossilien	
Name	Barnum Brown
Geboren	1873
Gestorben	1963
Beruf	Paläontologe am American Museum of Natural History (1897 – 1942)
Fund	Der erste *Tyrannosaurus rex*

Barnum Brown *bei der Ausgrabung eines Dinosaurierfossils*

Im Museum löste man die Knochen aus dem Gestein, sie bildeten jedoch nur einen Teil des Skeletts – der Rest lag noch immer in der Erde. Im Ausgrabungsteam herrschte Aufregung, als sich herausstellte, dass dies Knochen eines riesigen, fleischfressenden Dinosauriers waren. Erst als Brown im Jahre 1905 weitere Knochen entdeckte, konnten die tatsächliche Größe und Gestalt des Lebewesens ermessen werden.

„Es ist eine schwere Arbeit, aber *Deinodon*-Knochen sind so selten, dass sie die Arbeit wert sind.“

Barnum Brown an Henry Osborn, 1905

Die Namengebung

Knochen für Knochen wurde das Dinosaurierskelett langsam zusammengesetzt. Zunächst dachte man, es sei ein *Deinodon horridus* („Wunden reißender Zahn“) – ein Karnivore und einer der ersten Dinosaurier, die in Nordamerika bestimmt wurden. Brown nannte seinen Fund beiläufig „das alte Deinodon-Skelett“. Als jedoch die Knochen zusammengesetzt waren, wurde deutlich, dass es sich hierbei nicht um einen *Deinodon*, sondern um eine neue Art handelte, die einen eigenen Namen benötigte. Die Aufgabe der Benennung fiel Henry Osborn zu, dem wohlhabenden Direktor des Museums für Naturgeschichte. Osborn war der Erste, der 1905 in einem berühmten Artikel den neuen Dinosaurier beschrieb. Darin schlug er vor, den Dinosaurier *Tyrannosaurus rex* zu nennen („König der Tyrannenechsen“). Der Name wurde bald weltweit bekannt.

Der Name, der sich durchsetzte

Was Osborn nicht wusste, war: *Tyrannosaurus rex* war bereits entdeckt worden. 1892 hatte Edward Drinker Cope den Knochen eines Dinosauriers beschrieben, den er für vollkommen neu hielt. Er nannte ihn *Manospondylus gigas* („Gigant, Dünner Rückenwirbel“). Browns Fossilien stammten von derselben Dinosaurierart; daher hätte – den Regeln der Dinosaurierbenennung folgend – der Name *Tyrannosaurus* zugunsten von *Manospondylus* aufgegeben werden müssen. Als der Fehler endeckt wurde, war der Name *Tyrannosaurus rex* jedoch bereits so berühmt, dass man ihn nicht mehr änderte.

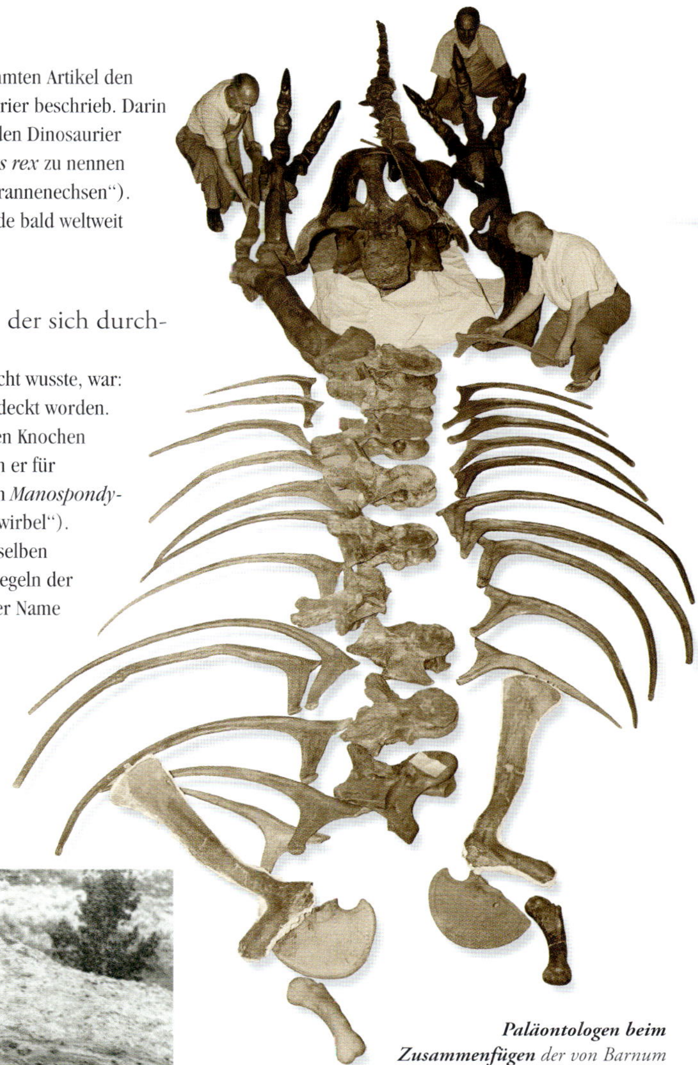

Paläontologen beim Zusammenfügen *der von Barnum Brown entdeckten fossilen Knochen des* Tyrannosaurus rex

Um die Knochen zu schützen, *wurden sie zunächst eingegipst, bevor sie aus der Fundstätte herausgeholt wurden.*

„Arbeite jetzt im zweitgrößten Abschnitt des *Deinodon*-Fundortes – er ist 100 Fuß lang, 15 Fuß breit und 20 Fuß tief, harter Sandstein, der erst zersprengt werden muss, bevor man ihn durchpflügen kann.“

Barnum Brown an Henry Osborn, 1905

DIE ERDE IM WANDEL

Im Laufe der Erdgeschichte formten die mächtigen Naturgewalten die Oberfläche des Planeten. Vor mehr als 300 Millionen Jahren bildete alles Land der Erde zusammen den einen Superkontinent Pangäa („Allerde"). Später, vor etwa 200 Millionen Jahren, teilte sich Pangäa in zwei große Landmassen, Laurasia und Gondwanaland.

Im Laufe der Zeit brachen auch diese in mehrere kleinere Landstücke auseinander: die Kontinente, wie wir sie heute kennen. Die Kontinente bewegen sich bis heute, und zwar um ca. 4 cm pro Jahr – viel zu langsam, als dass wir es bemerken könnten. Die Globen zeigen, wie sich die Landmassen und Meere im Verlauf der Geschichte unseres Planeten veränderten.

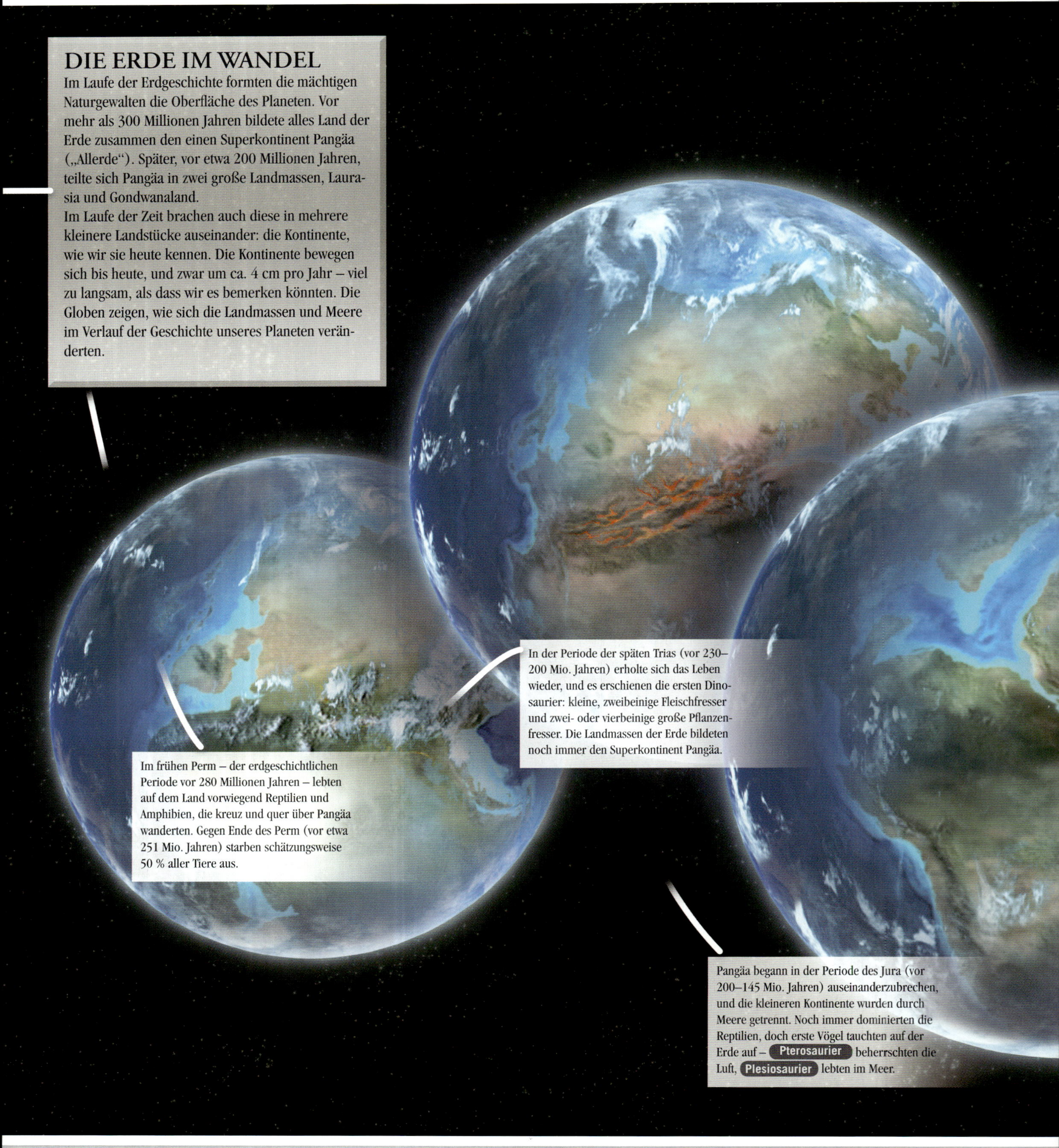

Im frühen Perm – der erdgeschichtlichen Periode vor 280 Millionen Jahren – lebten auf dem Land vorwiegend Reptilien und Amphibien, die kreuz und quer über Pangäa wanderten. Gegen Ende des Perm (vor etwa 251 Mio. Jahren) starben schätzungsweise 50 % aller Tiere aus.

In der Periode der späten Trias (vor 230–200 Mio. Jahren) erholte sich das Leben wieder, und es erschienen die ersten Dinosaurier: kleine, zweibeinige Fleischfresser und zwei- oder vierbeinige große Pflanzenfresser. Die Landmassen der Erde bildeten noch immer den Superkontinent Pangäa.

Pangäa begann in der Periode des Jura (vor 200–145 Mio. Jahren) auseinanderzubrechen, und die kleineren Kontinente wurden durch Meere getrennt. Noch immer dominierten die Reptilien, doch erste Vögel tauchten auf der Erde auf – **Pterosaurier** beherrschten die Luft, **Plesiosaurier** lebten im Meer.

Laurasia Die Nordhälfte Pangäas, Landmasse der heutigen Kontinente Nordamerika, Europa und Asien

Gondwanaland Die südliche Landmasse Pangäas, bestehend aus Afrika, Australien, Südamerika, Indien und der Antarktis

Kontinente Die größten Landmassen der Erde, aus dem lateinischen Wort für „zusammenhängendes Land"

Reptilien Eier legende, kaltblütige Tiere mit Schuppen oder Hornhaut, z. B. Echsen

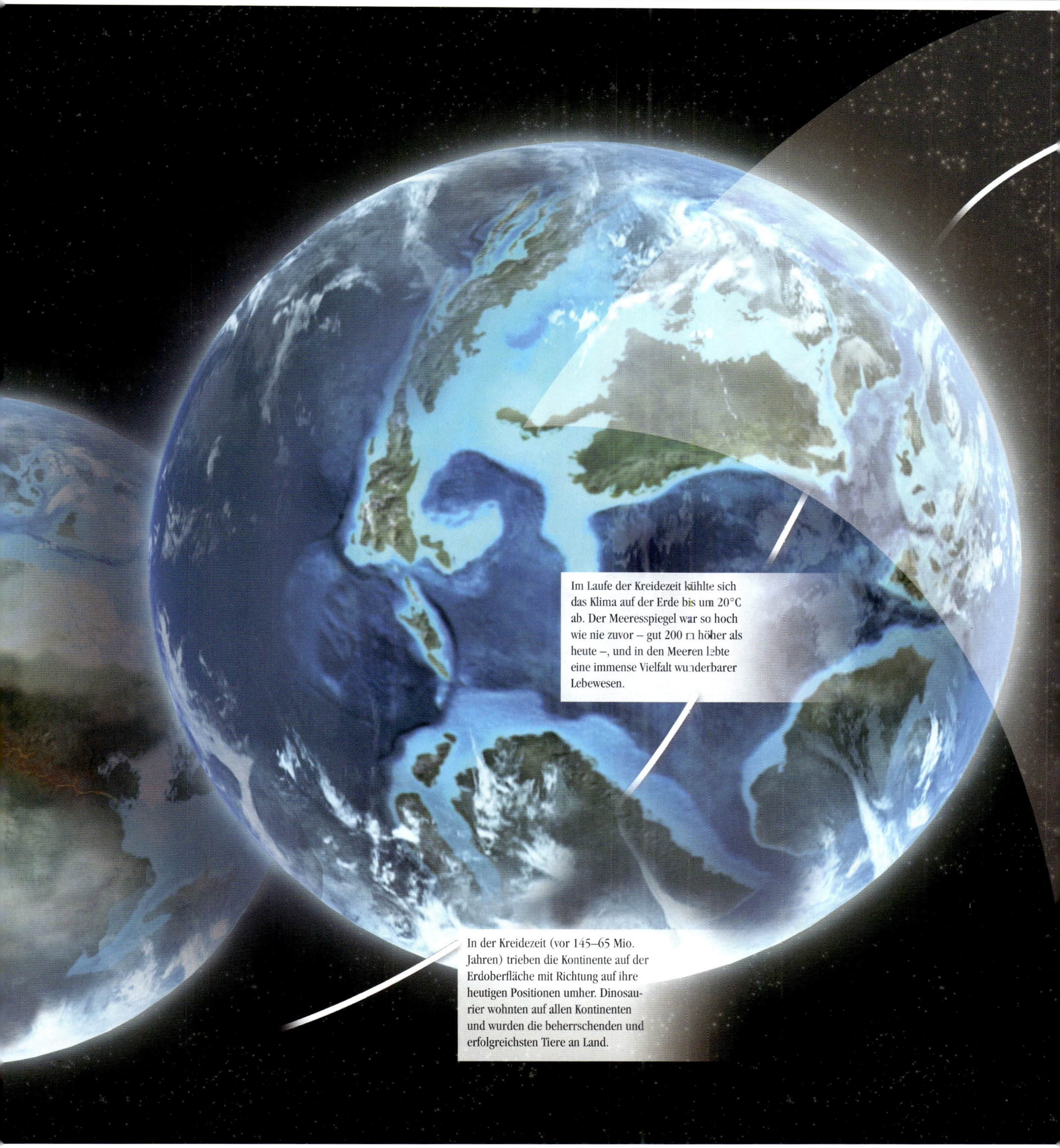

Im Laufe der Kreidezeit kühlte sich das Klima auf der Erde bis um 20°C ab. Der Meeresspiegel war so hoch wie nie zuvor – gut 200 m höher als heute –, und in den Meeren lebte eine immense Vielfalt wunderbarer Lebewesen.

In der Kreidezeit (vor 145–65 Mio. Jahren) trieben die Kontinente auf der Erdoberfläche mit Richtung auf ihre heutigen Positionen umher. Dinosaurier wohnten auf allen Kontinenten und wurden die beherrschenden und erfolgreichsten Tiere an Land.

Amphibien Tiere, die als Jungtiere im Wasser leben, später jedoch vielfach an Land

Pterosaurier Fliegende Reptilien mit ledrigen Flügeln und knochigen, zahnlosen Schnäbeln

Plesiosaurier Große, langhalsige Wasserreptilien mit flossenartigen Gliedern zum Schwimmen

Die Welt der Kreidezeit

Zeitreisende entdeckten in der Kreideperiode eine von Reptilien beherrschte Welt. Eine Gruppe herrschte hier über alle anderen: die Dinosaurier. Diese zu Land lebenden Reptilien schrieben eine Jahrmillionen währende Erfolgsgeschichte. Sie durchstreiften die Steppen, wanderten durch die Wälder und versammelten sich an den Meeresufern. Ihren Lebensraum (Habitat) teilten sie mit Fischen, Insekten und kleinen **Säugetieren**. In der Luft lebten große fliegende Reptilien, doch die Meere gehörten **Prädatoren**, die ihr Leben in den Wellen damit verbrachten, durch die Ozeane zu ziehen. Diese gewaltigen Meeresreptilien lebten im tiefen Wasser und schwammen nur an die Oberfläche, um Luft zu holen und wieder in die Tiefe zu tauchen.

In den Ozeanen der Kreidezeit herrscht das Gesetz: fressen oder gefressen werden. Diejenigen am Ende der **Nahrungskette** benötigen zum Überleben eine effektive Selbstverteidigung; weiter höher in der Fressordnung angesiedelte Raubtiere sind vor allem auf ihre Fähigkeiten als Jäger angewiesen.

Fischen hilft ihre Manövrierfähigkeit und Schnelligkeit, um vor einem Jäger zu fliehen; doch die Chancen, *Elasmosaurus* („Plattenechse") zu entkommen, sind gering. Der langhalsige Plesiosaurier jagt Fische, Kalmare und in spiralförmigen Schneckenhäusern lebende **Ammoniten**.

Von allen Meeresreptilien der Kreidezeit sind die **Mosasaurier** die grimmigsten Raubtiere und *Tylosaurus* („Knopfechse") das furchterregendste von allen. Seinen langen und schlanken Körper bewegt er mithilfe eines mächtigen Schwanzes, den er hin und her schwingend durchs Wasser zieht.

Elasmosaurus besitzt einen schlangenartigen Hals von ca. 7 m Länge. Bei der Jagd begegnet er den Fluchtversuchen seiner **Beute**, indem er den Hals dreht und wendet. Oder er wartet auf einen vorbeiziehenden Fischschwarm; dann stößt er den Kopf hinein – und frisst.

Säugetiere Tiere, die lebende Jungtiere zur Welt bringen und Milch für ihre Ernährung produzieren

Prädatoren Raubtiere, die andere Tiere zwecks eigener Ernährung jagen und töten

Nahrungskette Jedes Glied in der Kette ernährt sich von unter ihm stehenden Gliedern und dient als Nahrung für über ihm stehende

Ammoniten Frühe Muscheltiere, die in den Meeren lebten und etwa zur selben Zeit ausstarben wie die Dinosaurier

Tylosaurus ist ein hervorragender Schwimmer, der auf der Suche nach Nahrung große Strecken zurücklegen kann; seine Fossilien fand man noch Hunderte von Kilometern vom Land entfernt. Normalerweise streift er durch warme, küstennahe Gewässer, wo es reichliche Beute für ihn gibt.

Tylosaurier sind **Spitzenprädatoren**, die auch große Fische, Plesiosaurier und Schildkröten verschlingen. Die starken Kiefer sind mit teuflischen Zähnen bespickt und laufen zu einer harten knochigen Schnauzspitze zusammen. Sein Biss kann die dickste Muschel aufbrechen, um an das Fleisch zu gelangen.

Archelon ist im Wasser zwar nicht schneller als *Tylosaurus*, doch kann sie an Land kriechen; so ist sie vor seinem Angriff sicher. Der schlanke Körper von *Tylosaurus* lässt ihn auch in seichtem Gewässern gut schwimmen, und wenn die Schildkröte dem Ufer zustrebt, kommt der Mosasaurier ihr bedrohlich nahe. Nur ein Biss – und das Schicksal der Schildkröte ist besiegelt.

Eine ausgewachsene *Archelon* kann 4 m groß werden: ein sanftmütiger Riese, der gemächlich durch die Meere paddelt. Anders als bei anderen Schildkröten schützt ihren Rücken kein durchgehender Schild, sondern ein Netz aus Knochen, zwischen denen dicke Hautschichten gespannt sind.

Beute Ein Tier, das von einem Prädator zwecks Ernährung getötet wird

Mosasaurier Große, Beute jagende Meeresreptilien mit einem schlanken Körper und flossenähnlichen Gelenken

Spitzenprädator Tier an der Spitze der Nahrungskette, das Beute macht, jedoch nicht selbst Beute anderer Tiere ist

Über dem Meer fliegende Reptilien mit ledrigen Flügeln werden Pterosaurier genannt. In der Kreideperiode sind sie die Herren der Lüfte – flinke Jäger, die aufs Wasser hinabschießen und Fische schnappen, im Flug Insekten fangen oder auf dem Land nach **Aas** als Nahrung suchen.

Ein wahrer Riese am Himmel der Kreidezeit ist der nach einem Aztekenkönig benannte *Quetzalcoatlus* („Gefiederte Schlange"). Die **Spannweite** seiner Flügel beträgt 11 m und macht ihn zum größten Lebewesen, das jemals geflogen ist – er ist dreimal so groß wie die größten heute lebenden Vögel.

Beim Flug über das Wasser hält *Quetzalcoatlus* nach Fischen Ausschau. Bei Sonne kann sich der silbrige Fischkörper auf dem Wasser widerspiegeln, oder aber er durchbricht die Wasseroberfläche und verrät so seine Position. *Quetzalcoatlus* reagiert blitzschnell – und ergreift mit dem zahnlosen Schnabel die Beute.

Trotz seiner Größe wiegt *Quetzalcoatlus* nur höchstens 135 kg, wahrscheinlich viel weniger. Diese Leichtigkeit verdankt er unter anderem einem Skelett aus nahezu papierdünnen Hohlknochen sowie einem im Vergleich zu den riesigen Flügeln kurzen Körper.

Aas Überreste eines toten Tieres, das der Jäger zur Verwesung zurücklässt

Spannweite Strecke zwischen zwei ausgestreckten Flügeln, gemessen von der einen Flügelspitze zur anderen

Aufwinde Warme Luftsäulen oder -blasen, die über dem Erdboden aufsteigen, da sie leichter sind als die darüberliegende kalte Luftschicht

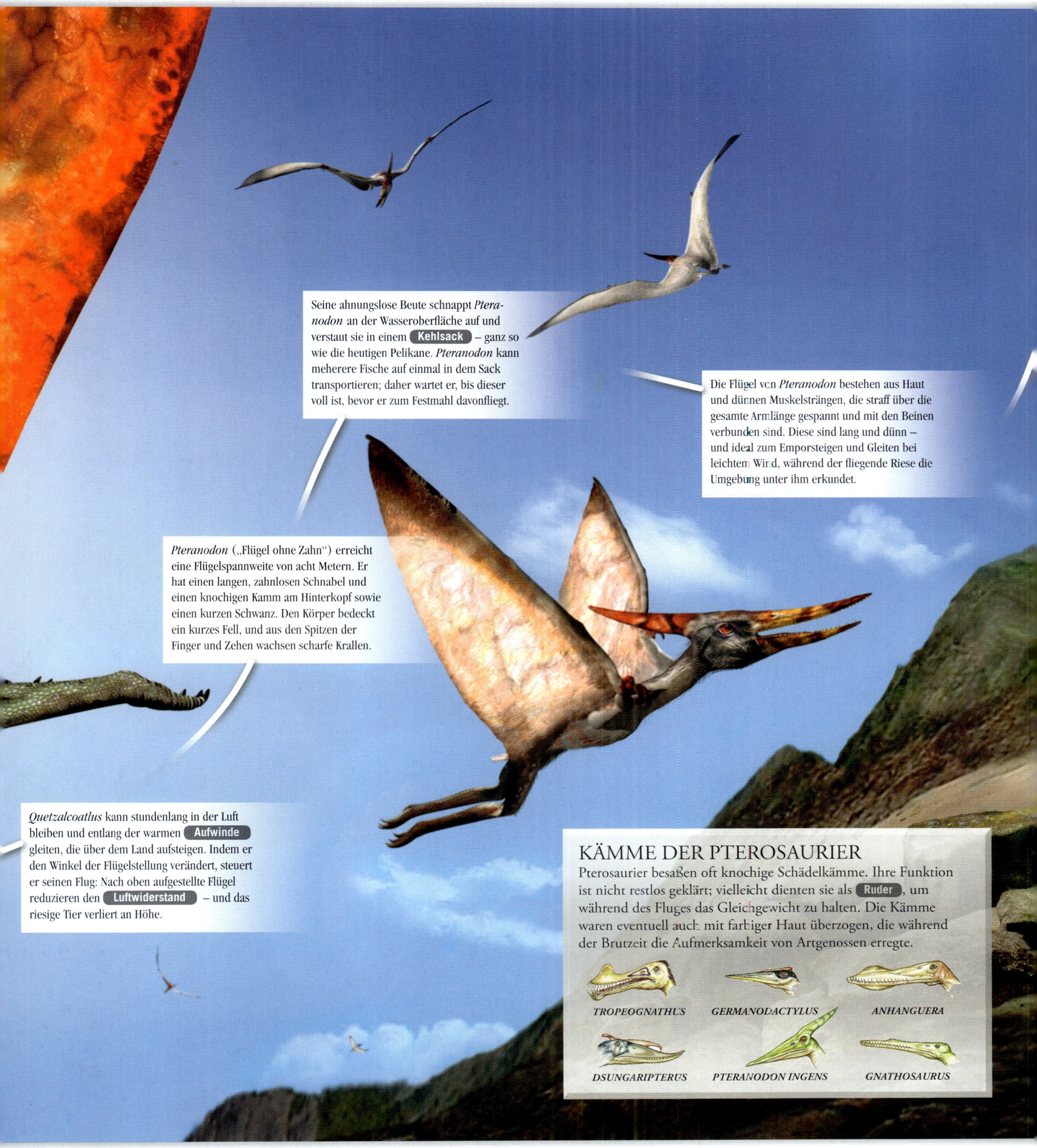

Seine ahnungslose Beute schnappt *Pteranodon* an der Wasseroberfläche auf und verstaut sie in einem **Kehlsack** – ganz so wie die heutigen Pelikane. *Pteranodon* kann meherere Fische auf einmal in dem Sack transportieren; daher wartet er, bis dieser voll ist, bevor er zum Festmahl davonfliegt.

Die Flügel von *Pteranodon* bestehen aus Haut und dünnen Muskelsträngen, die straff über die gesamte Armlänge gespannt und mit den Beinen verbunden sind. Diese sind lang und dünn – und ideal zum Emporsteigen und Gleiten bei leichtem Wind, während der fliegende Riese die Umgebung unter ihm erkundet.

Pteranodon („Flügel ohne Zahn") erreicht eine Flügelspannweite von acht Metern. Er hat einen langen, zahnlosen Schnabel und einen knochigen Kamm am Hinterkopf sowie einen kurzen Schwanz. Den Körper bedeckt ein kurzes Fell, und aus den Spitzen der Finger und Zehen wachsen scharfe Krallen.

Quetzalcoatlus kann stundenlang in der Luft bleiben und entlang der warmen **Aufwinde** gleiten, die über dem Land aufsteigen. Indem er den Winkel der Flügelstellung verändert, steuert er seinen Flug: Nach oben aufgestellte Flügel reduzieren den **Luftwiderstand** – und das riesige Tier verliert an Höhe.

KÄMME DER PTEROSAURIER

Pterosaurier besaßen oft knochige Schädelkämme. Ihre Funktion ist nicht restlos geklärt; vielleicht dienten sie als **Ruder**, um während des Fluges das Gleichgewicht zu halten. Die Kämme waren eventuell auch mit farbiger Haut überzogen, die während der Brutzeit die Aufmerksamkeit von Artgenossen erregte.

Luftwiderstand Der Luftdruck gegen ein sich bewegendes Objekt, der dessen Geschwindigkeit bremst

Kehlsack Eine sackähnliche Hautfalte am Hals, in der das Tier Nahrung aufbewahrt und mitnimmt, bis es zum Fressen bereit ist

Ruder Eine schwenkbare Platte am hinteren Ende eines Bootes oder Flugzeuges, mit der die Bewegungsrichtung gesteuert wird

Auf dem Land herrschen in der Kreideperiode die Dinosaurier, die bei tropischen und subtropischen Temperaturen prächtig gedeihen. Dichte Wälder wechseln sich mit offenem Gelände ab, auf dem niedrige Pflanzen wachsen und das Wasser von Hügeln herab sich in Flüsse und Seen ergießt.

In dieser Periode tauchen neue Dinosaurierarten auf. **Hadrosaurier** („Entenschnabelsaurier") wie etwa *Maiasaura* („Gute-Mutter-Echsen") streifen durch das offene Gelände, vielleicht in Herden von bis zu 1000 Tieren; sie sind gutmütige **Herbivoren**: Pflanzenfresser.

Einige Dinosaurierarten entwickeln Waffen zur Selbstverteidgung. Der große, dicke Triceratops („Dreihorngesicht") aus der Gruppe der **Ceratopsia**, gehörnter Dinosaurier, hat am Hinterkopf ein knochiges Schutzschild und vorn drei Hörner.

Rudel von fleischfressenden Dinosauriern, zum Beispiel *Dromaeosaurus* („Flinke Echsen"), belauern die Herden und warten auf eine Gelegenheit, einen verirrten *Maiasaura* anzugreifen. Sie sind kleiner als Hadrosaurier, dafür schneller und mit Krallen und Zähnen zum Fleisch-Aufreißen ausgestattet.

Hadrosaurier Große Dinosaurier mit breiten, flachen Schnäbeln; daher auch Entenschnabelsaurier genannt

Herbivoren Tiere, die nur Pflanzen fressen – im Gegensatz zur Karnivoren, Fleischfressern

Ceratopsia Große, pflanzenfressende Dinosaurier mit spitzen Hörnern und einer knochigen Krause am Hinterkopf

PFLANZEN DER KREIDEZEIT

Die Landschaft Nordamerikas bestand in der Oberkreide (100–65 mya) aus Wäldern und Steppen. Neue, großblättrige Baumarten wie Eichen, Buchen, Walnuss- und Magnolienbäume wuchsen neben immergrünen, Zapfen tragenden Koniferen, Baumfarnen und frühen palmartigen Bäumen, Palmfarne genannt. Der Boden war mit Farnen bedeckt – nicht mit Gras, das zur Zeit der Dinosaurier noch nicht existierte.

Ankylosaurus („Steife Echse") ist ein **Ankylosaurier**, ein gepanzerter Dinosaurier. Sein Körper ist mit ovalen Knochenplatten und Stacheln bedeckt; sein langer Schwanz mündet in eine schwere, knaufartige Keule, die einen Angreifer erheblich verletzen kann.

In der Luft schwirren Insekten. Bunte Libellen mit einer Flügelspanne von 15 cm patrouillieren durch ihr **Jagdrevier** auf der Suche nach Beute. Die beeindruckenden Prädatoren fangen Insekten im Flug. Selbst unter den kleinsten Tieren herrscht ein unentwegter Kampf ums Überleben.

Dinosaurier sind die beherrschenden Tiere zu Land, doch keineswegs die einzigen. Frühe Arten von Säugetieren tauchen in dieser Zeit ebenfalls auf – darunter der Alphadon („Erster Zahn"), ein kleines, auf Bäumen lebendes und mit Fell bedecktes **Beuteltier**.

Ankylosaurier Pflanzenfressender, mit knochigen Platten sowie Stacheln und Noppen gepanzerter Dinosaurier

Beuteltier Säugetier mit Beutel – die Weibchen tragen darin ihre Jungen, bis sie voll entwickelt sind.

Jagdrevier Gebiet, in dem Prädatoren nach Beute suchen

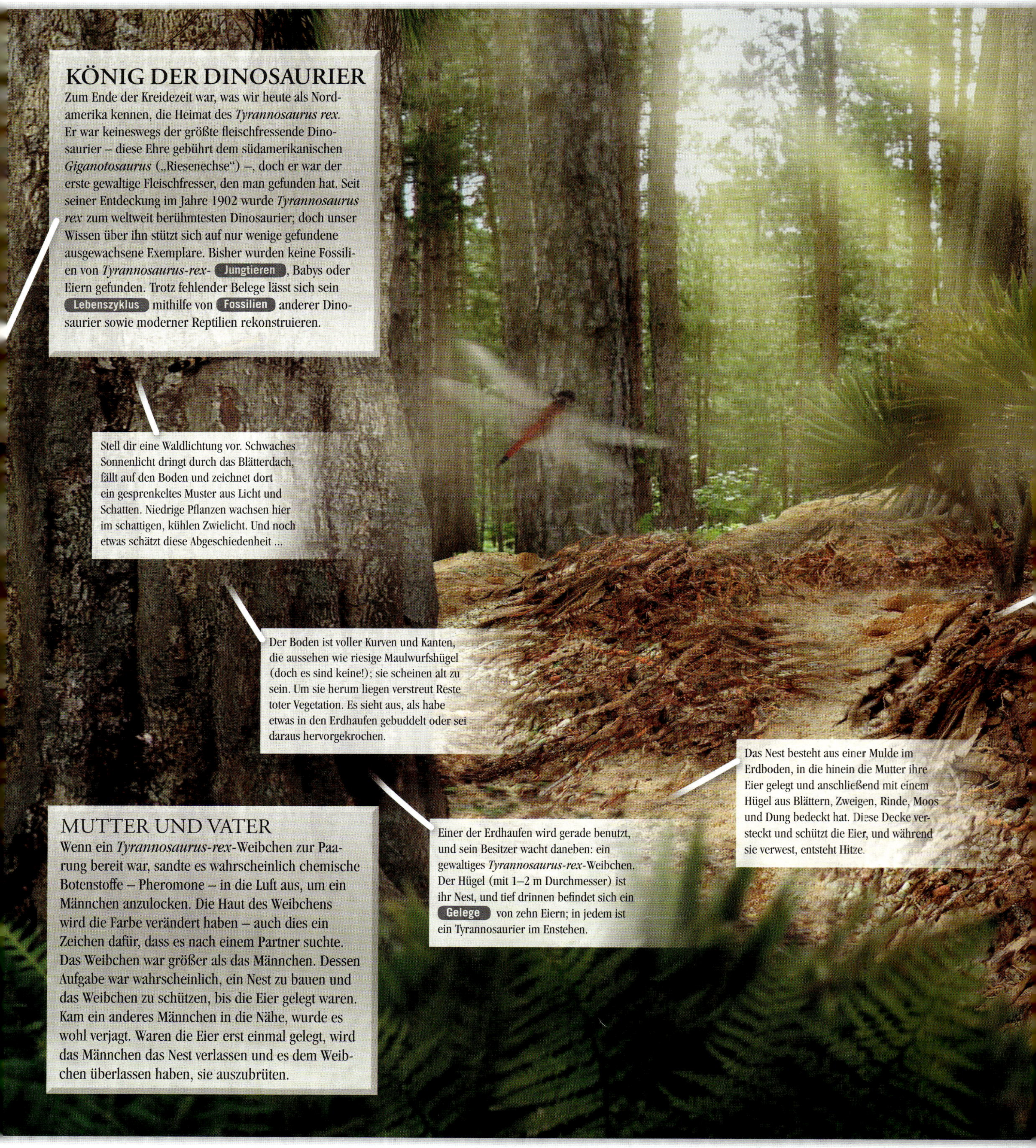

KÖNIG DER DINOSAURIER

Zum Ende der Kreidezeit war, was wir heute als Nordamerika kennen, die Heimat des *Tyrannosaurus rex.* Er war keineswegs der größte fleischfressende Dinosaurier – diese Ehre gebührt dem südamerikanischen *Giganotosaurus* („Riesenechse") –, doch er war der erste gewaltige Fleischfresser, den man gefunden hat. Seit seiner Entdeckung im Jahre 1902 wurde *Tyrannosaurus rex* zum weltweit berühmtesten Dinosaurier; doch unser Wissen über ihn stützt sich auf nur wenige gefundene ausgewachsene Exemplare. Bisher wurden keine Fossilien von *Tyrannosaurus-rex*- **Jungtieren**, Babys oder Eiern gefunden. Trotz fehlender Belege lässt sich sein **Lebenszyklus** mithilfe von **Fossilien** anderer Dinosaurier sowie moderner Reptilien rekonstruieren.

Stell dir eine Waldlichtung vor. Schwaches Sonnenlicht dringt durch das Blätterdach, fällt auf den Boden und zeichnet dort ein gesprenkeltes Muster aus Licht und Schatten. Niedrige Pflanzen wachsen hier im schattigen, kühlen Zwielicht. Und noch etwas schätzt diese Abgeschiedenheit ...

Der Boden ist voller Kurven und Kanten, die aussehen wie riesige Maulwurfshügel (doch es sind keine!); sie scheinen alt zu sein. Um sie herum liegen verstreut Reste toter Vegetation. Es sieht aus, als habe etwas in den Erdhaufen gebuddelt oder sei daraus hervorgekrochen.

Das Nest besteht aus einer Mulde im Erdboden, in die hinein die Mutter ihre Eier gelegt und anschließend mit einem Hügel aus Blättern, Zweigen, Rinde, Moos und Dung bedeckt hat. Diese Decke versteckt und schützt die Eier, und während sie verwest, entsteht Hitze.

Einer der Erdhaufen wird gerade benutzt, und sein Besitzer wacht daneben: ein gewaltiges *Tyrannosaurus-rex*-Weibchen. Der Hügel (mit 1–2 m Durchmesser) ist ihr Nest, und tief drinnen befindet sich ein **Gelege** von zehn Eiern; in jedem ist ein Tyrannosaurier im Enstehen.

MUTTER UND VATER

Wenn ein *Tyrannosaurus-rex*-Weibchen zur Paarung bereit war, sandte es wahrscheinlich chemische Botenstoffe – Pheromone – in die Luft aus, um ein Männchen anzulocken. Die Haut des Weibchens wird die Farbe verändert haben – auch dies ein Zeichen dafür, dass es nach einem Partner suchte. Das Weibchen war größer als das Männchen. Dessen Aufgabe war wahrscheinlich, ein Nest zu bauen und das Weibchen zu schützen, bis die Eier gelegt waren. Kam ein anderes Männchen in die Nähe, wurde es wohl verjagt. Waren die Eier erst einmal gelegt, wird das Männchen das Nest verlassen und es dem Weibchen überlassen haben, sie auszubrüten.

Jungtiere Junge Tiere zwischen Baby- und Erwachsenenalter

Lebenszyklus Stationen im Leben eines Tieres oder einer Pflanze von der Geburt bis zum Tod

Fossilien Teile eines toten Tieres (oder einer Pflanze), die begraben und durch Mineralien im Gestein selbst steinhart wurden

Alle paar Minuten steckt die Mutter ihre **Schnauze** ins Nest. Wenn es sich zu kühl anfühlt, legt sie weitere Vegetationsreste obenauf, um die Wärme darin zu halten. Ist es zu heiß, öffnet sie das Nest ein wenig, damit Hitze entweichen kann. Instinktiv weiß sie, welche Temperatur die richtige ist.

Die Eier sind lang und oval, mit cremefarbenen Schalen voller winziger Narben, ähnlich wie eine Orangenschale. Ihre Größe kann nur geschätzt werden, doch nach anderen Dinosauriereiern zu urteilen, werden sie mindestens 30 cm lang, etwa so groß wie ein Rugby-Ball, gewesen sein.

In ihrem sicheren, warmen und stinkenden Nest können die Eier **ausbrüten**, bis die Kleinen darin bereit sind auszuschlüpfen. Die Mutter bleibt bei ihrem Nest – sie muss den wertvollen Inhalt achtsam behüten. Doch sie sitzt nicht darauf, denn sonst würden die Eier unter ihr zerbechen.

Gelege Eine Anzahl von Eiern, die zur selben Zeit in dasselbe Nest gelegt wurden

ausbrüten Für konstant warme und günstige Bedingungen sorgen, damit Tiere in Eiern wachsen und sich entwickeln können

Schnauze Lange, vorspringende Nase und Kiefer

Die Schale des Eis ist **porös** und lässt Luft ins Innere zu dem Baby durchdringen. Ist die Schale zu dick, kann es nicht atmen und muss sterben; ist sie zu dünn, könnte das Ei zerbrechen. Damit das Baby überleben und wachsen kann, muss daher die Dicke der Schale genau stimmen.

Im Innern des Eis liegt dicht zusammengerollt der Baby-Tyrannosaurier – der **Embryo**. Wenn er ausschlüpft, wird er etwa doppelt so lang wie das Ei sein. Im Laufe seines Wachstums wird er das Eidotter vollkommen in sich aufnehmen; für den Baby-Dinosaurier ist dies bis zum Ausschlüpfen die einzige Nahrung.

Auf der Schnauzspitze wächst eine kleine Beule – der Eizahn; mit ihm wird der Baby-Dinosaurier die Schale durchbrechen, wenn die Zeit zum Ausschlüpfen gekommen ist. Auch Vögel und Krokodile unserer Zeit benutzen einen Eizahn, um ihre Eierschalen aufzubrechen.

Warm gehaltene Eier brüten schneller aus als kalte. Niemand weiß, wie lange die Inkubationszeit von *Tyrannosaurus rex* dauerte. Ausgehend von heutigen Reptilien, zum Beispiel Krokodilen, kann sie rund 60–80 Tage betragen haben.

porös Luft- und wasserdurchlässig

Embryo Ein ungeborenes Baby im Innern eines Eis oder im Bauch der Mutter

Eidotter Der gelbe Teil vom Ei, von dem sich das wachsende Baby ernährt

Kommt die Mutter zurück, strecken sich hungrige Babymäuler ihr entgegen und nehmen jeden Happen, den sie ihnen bringt. Baby-Dinosaurier wachsen schnell, und schon bald wird die Zeit kommen, um erste Schritte aus dem Nest heraus zu wagen.

Baby-Dinosaurier bleiben zunächst im Nest – für sie eine gefährliche Zeit. Während die Mutter nach Nahrung sucht, bleiben sie geduckt und still liegen. Denn wenn sie Aufmerksamkeit auf sich ziehen, könnte ein Raubtier die Gelegenheit für einen lohnenden Blitzüberfall wittern.

Die Jungen schlüpfen im Laufe etwa eines Tages, und so haben alle die gleichen Überlebenschancen. Wer spät ausschlüpft, ist der Kleinste und Schwächste – und läuft Gefahr, dass er von der Mutter ignoriert oder gar von den größeren Baby-Dinosauriern gefressen wird.

BABYFOSSIL

Fossilien von Dinosaurierembryos sind äußerst selten. Eines wurde 1995 in China entdeckt – eingerollt in einem 45 cm großen Ei. Der Dinosaurier mit dem Spitznamen „Baby Louie“ wurde zusammen mit drei noch nicht ausgebrüteten Eiern gefunden, die ein **Oviraptor** vor rund 70 Millionen Jahren gelegt hat.

Oviraptor Ein langbeiniger, vogelähnlicher Dinosaurier mit Schnabel

FLAUSCHIGE SAURIER?

Mit jedem neuen Tyrannosaurierfossil, das zutage gefördert wird, kommen weitere Informationen ans Licht. So wurde in den letzten Jahren deutlich, dass einige **Theropoden** Federn oder ein federartiges Kleid am Körper trugen. Diese Dinosaurier hatten also nicht nur ihre hohlen Knochen mit Vögeln gemeinsam. Fossilien einer **Art** von Tyrannosauriern in China, *Dilong paradoxus*, zeigen ein solches Federkleid; daher ist es wahrscheinlich, dass auch *Tyrannosaurus rex* einen kurzen Federflaum am Körper trug.

Federabdruck, über dem Knochen sichtbar

Chinesisches Fossil

Kinder brauchen Nahrung, und die Mutter sorgt dafür. Sie versorgt sie mit Fleisch, das sie ihnen in großen Brocken zum Fressen vorlegt. Kleine Dinosaurierzähne bohren sich ins Fleisch hinein, und Köpfe werden hin und her geworfen, um handliche Bissen davon abzureißen.

Mit dem körperlichen Wachstum wächst auch das Selbstvertrauen der Babytyrannosaurier, und sie beginnen, sich vom Nest zu entfernen. Doch so klein stellen Raubtiere eine Gefahr für sie dar. Beim leisesten Anzeichen von Gefahr rennen sie zurück zur Mutter oder verstecken sich im Unterholz.

In diesem zarten Alter lauert der Tod überall, und nur die Fittesten unter ihnen werden die **Kindheit** überleben. Neben Bruder und Schwester sind sie stets auch Rivalen, und wenn es ums Fressen geht, nehmen die Starken den Schwachen die Nahrung weg. So können viele Babydinosaurier verhungern.

Theropoden Gruppe von Dinosauriern, darunter alle Karnivoren; die meisten waren biped, d. h. sie liefen auf zwei Beinen, wie *Tyrannosaurus rex*.

Art Gruppe ähnlicher Tiere oder Pflanzen

Kindheit Frühes Stadium in der Entwicklung eines Tieres

Mutter *Tyrannosaurus rex* steht nahe bei ihren Kindern und wacht über sie. Nur ein falscher Schritt ihres gewaltigen Fußes – und das Leben ihrer wehrlosen Jungen wäre zertreten. Doch ihnen gegenüber ist der unerbittliche Jäger äußerst behutsam.

Junge Tyrannosaurier sind klein im Vergleich zu ihrer Mutter. **Protein**-reiche Ernährung durch Fleisch macht sie schwerer und kräftigt ihre Muskeln; so wachsen sie schnell. In etwa zehn Jahren werden diese Minimonster so groß wie ihre Eltern sein.

In diesem Alter spielen sie, schnappen einander nach dem Schwanz und liefern sich spielerische Kämpfe. Diese Spiele haben jedoch eine ernste Seite: Mit ihnen trainieren sie für die Zukunft – wenn sie andere Dinosaurier im Kampf ums Überleben besiegen müssen.

Wenn die jungen Dinosaurier nicht fressen, schlafen oder spielen, jagen sie kleine Reptilien, Säugetiere und Insekten. Doch meistens töten sie sie nicht; auch dies dient vor allem der Übung für später – wenn sie jagen und für sich selbst sorgen müssen.

Protein Wichtiger Nahrungsbaustein für Tiere (auch Eiweiß genannt); Proteine sind in Fleisch, Fisch, Eiern und Milch enthalten.

T.REX-FOSSILIENVERZEICHNIS

Unser Wissen über *Tyrannosaurus rex* basiert einzig auf Fossilienfunden. Durch die Rekonstruktion der Knochen lässt sich ein ziemlich genaues Bild seines wahrscheinlichen Aussehens und Verhaltens gewinnen. Dennoch liegen viele Details bis heute im Dunkeln. Worüber bis heute keine exakten Belege vorliegen, darüber können Paläontologen nur Vermutungen anhand von Fossilien anderer Dinosaurier anstellen. Hier einige Hauptmerkmale des *Tyrannosaurus rex* und ihre Belege:

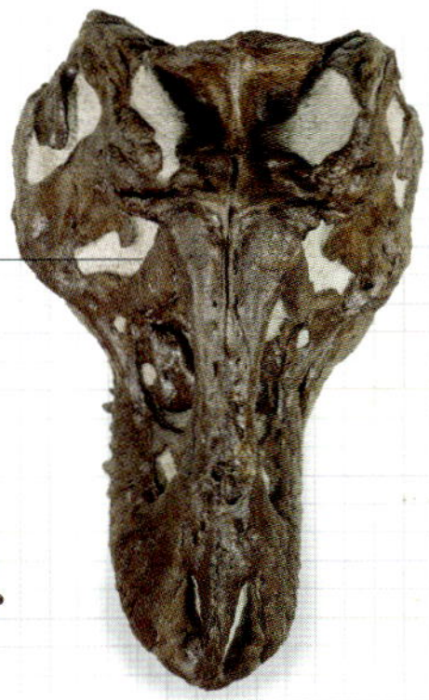

Blick von oben

SCHÄDEL

Der Schädel eines ausgewachsenen *Tyrannosaurus rex* war 1,50 m lang. Er bestand jedoch nicht aus einem massiven Knochen, sondern wies große Löcher zwischen den einzelnen Knochen auf. Die Löcher reduzierten sein Gewicht.

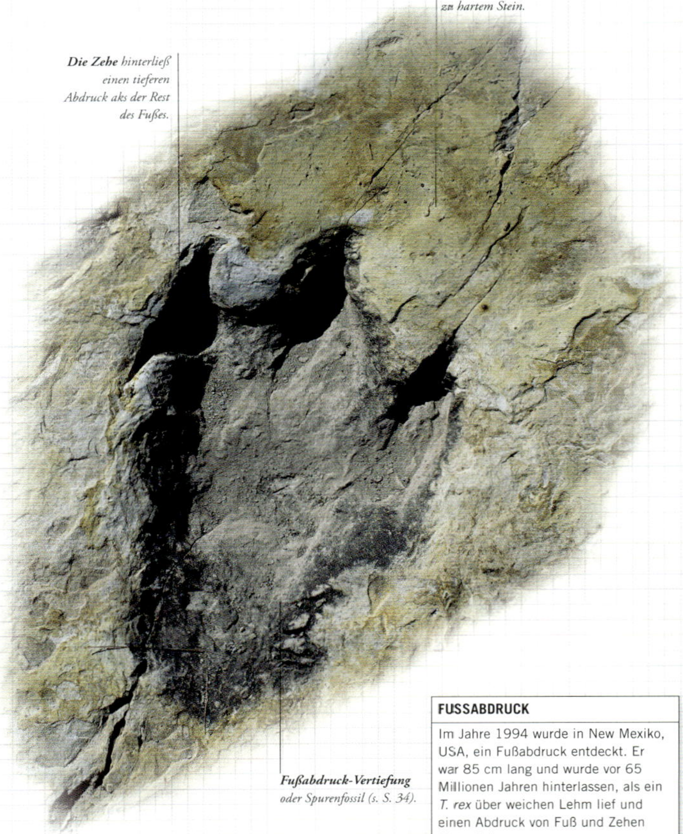

FUSSABDRUCK

Im Jahre 1994 wurde in New Mexiko, USA, ein Fußabdruck entdeckt. Er war 85 cm lang und wurde vor 65 Millionen Jahren hinterlassen, als ein *T. rex* über weichen Lehm lief und einen Abdruck von Fuß und Zehen hinterließ.

KOPROLITH

Ein Koprolith, fossilierter Kot, wurde 1995 in Saskatchewan, Kanada, gefunden. Er war 44 cm lang und enthielt Knochenfragmente – ein Beweis dafür, dass er von einem Fleischfresser, wohl einem *Tyrannosaurus rex*, stammte.

REKONSTRUKTION EINES SCHÄDELS

Durch Computertomografie (CT) lassen sich aus einer Serie von Röntgenaufnahmen dreidimensionale (3-D-)Bilder herstellen. Rechts die 3-D-Aufnahme eines zusammengepressten *T.-rex*-Schädels; links der mithilfe der CT-Technologie rekonstruierte Schädel in seiner ursprünglichen Form.

Die CT-Aufnahme lässt die originale Kopfform erkennen.

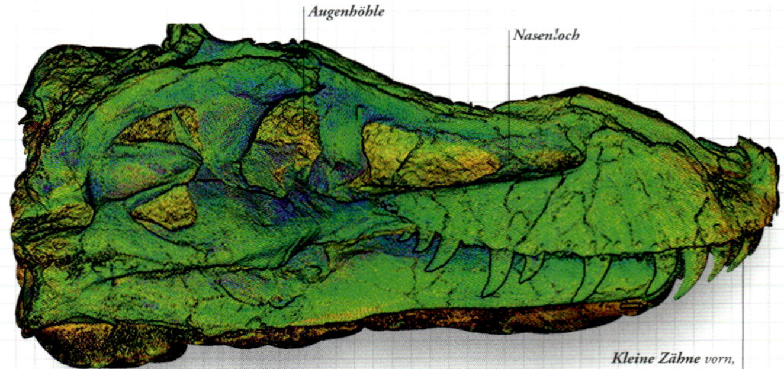

Die CT-Aufnahme zeigt den zusammengepressten Schädel.

ZAHN

Ein ausgewachsener *Tyrannosaurus rex* hatte etwa 50 Zähne im Maul; die längsten waren um die 20 cm lang. Fielen alte Zähne aus, so wuchsen neue nach, und es dauerte zwei Jahre, bis ein neuer Zahn zu voller Größe herangewachsen war.

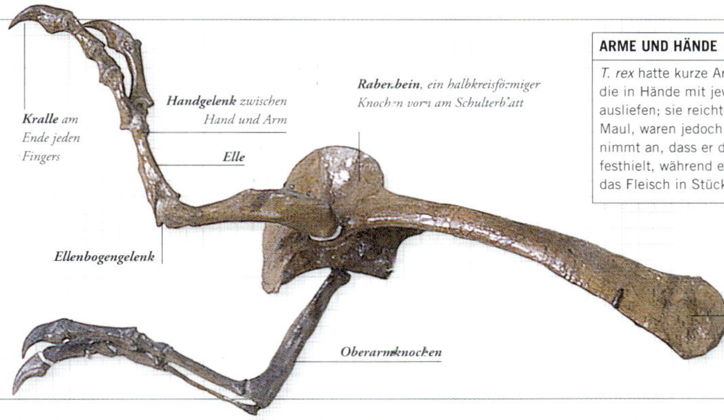

ARME UND HÄNDE

T. rex hatte kurze Arme (ca. 1 m lang), die in Hände mit jeweils zwei Krallen ausliefen; sie reichten nicht bis zum Maul, waren jedoch sehr stark. Man nimmt an, dass er damit seine Beute festhielt, während er mit den Zähnen das Fleisch in Stücke riss.

SKELETT

Das Skelett von *T. rex* bestand aus rund 200 Knochen; vollständig zusammengesetzt, erkennt man seine furchterregende Größe. Kräftige Beine, der lande Schwanz und der mächtige Nacken sowie der riesige Kopf lassen ihn wahrhaft beängstigend aussehen.

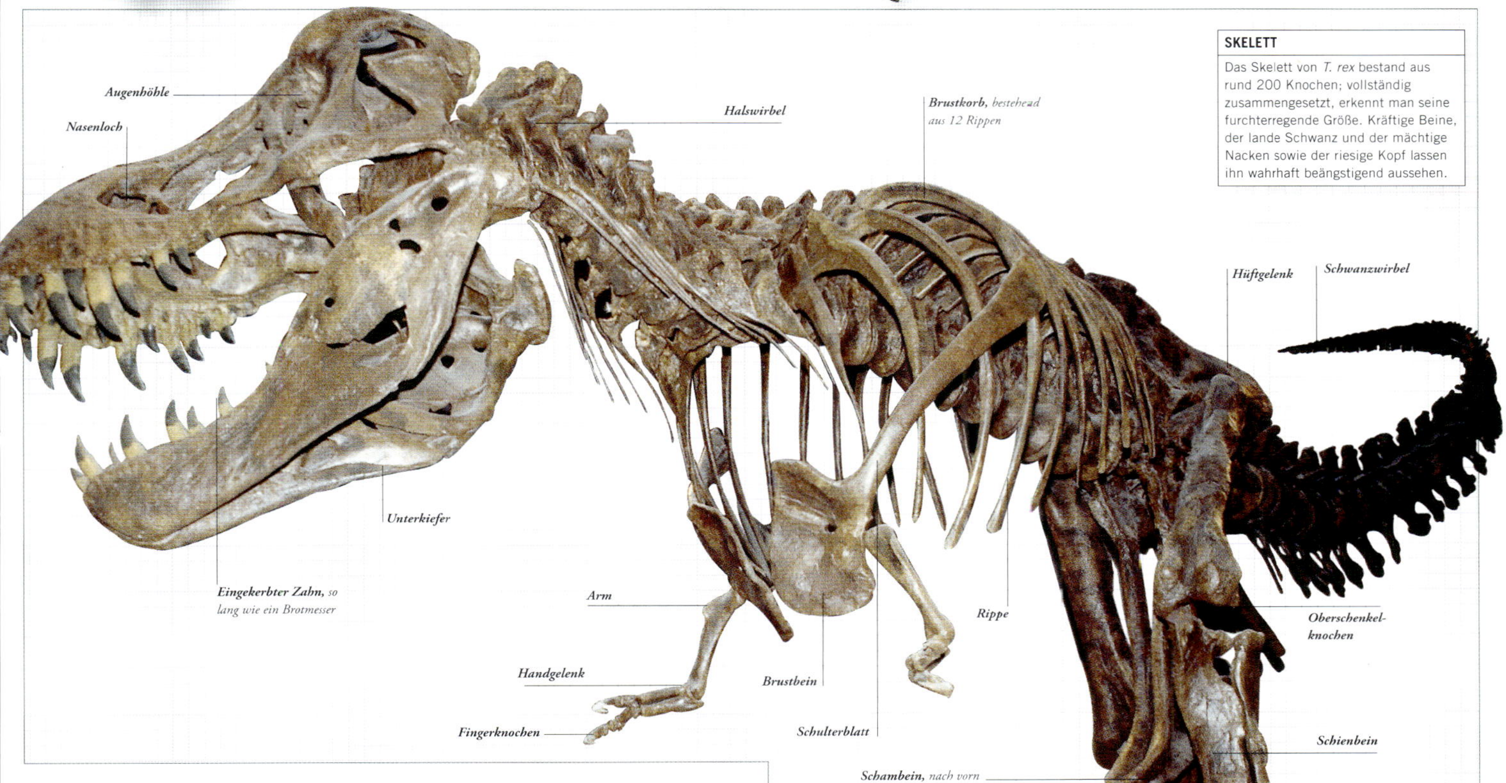

Tyrannosaurus rex

FUSSKNOCHEN

Beim Laufen berührte *T. rex* den Boden nur mit den Zehenspitzen; solche Tiere werden „Zehengänger" genannt. Hinten am Fuß saß eine Afterkralle – ein praktisch nutzloser Zeh.

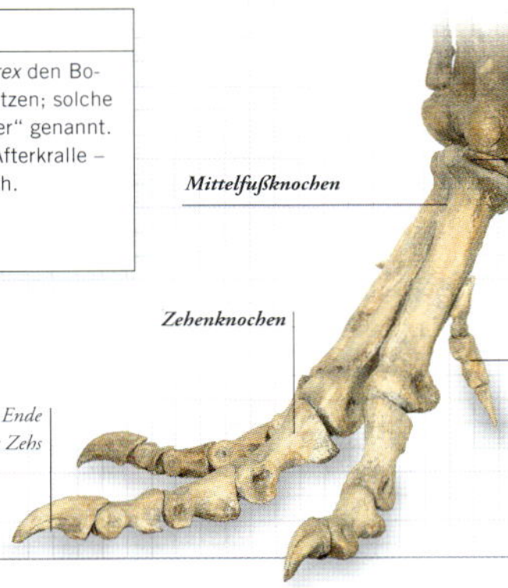

INNERES EINES DINOSAURIERS

Paläontologen untersuchen Fossilien, um detaillierte Kenntnisse über Dinosaurier zu erhalten. Skelette, die man in Museen sehen kann, sind **Rekonstruktionen** auf der Basis dieser Erkenntnisse. Ausgehend von den Knochen machen sich die Forscher ein Bild von den Muskeln, die sie umgeben haben müssen. Zunächst stellten Paläontologen *T. rex* in aufrechter **Haltung** und mit dem Schwanz am Boden aus. Neuere und vollständigere Funde legen jedoch nahe, dass *T. rex* den Schwanz in der Luft trug.

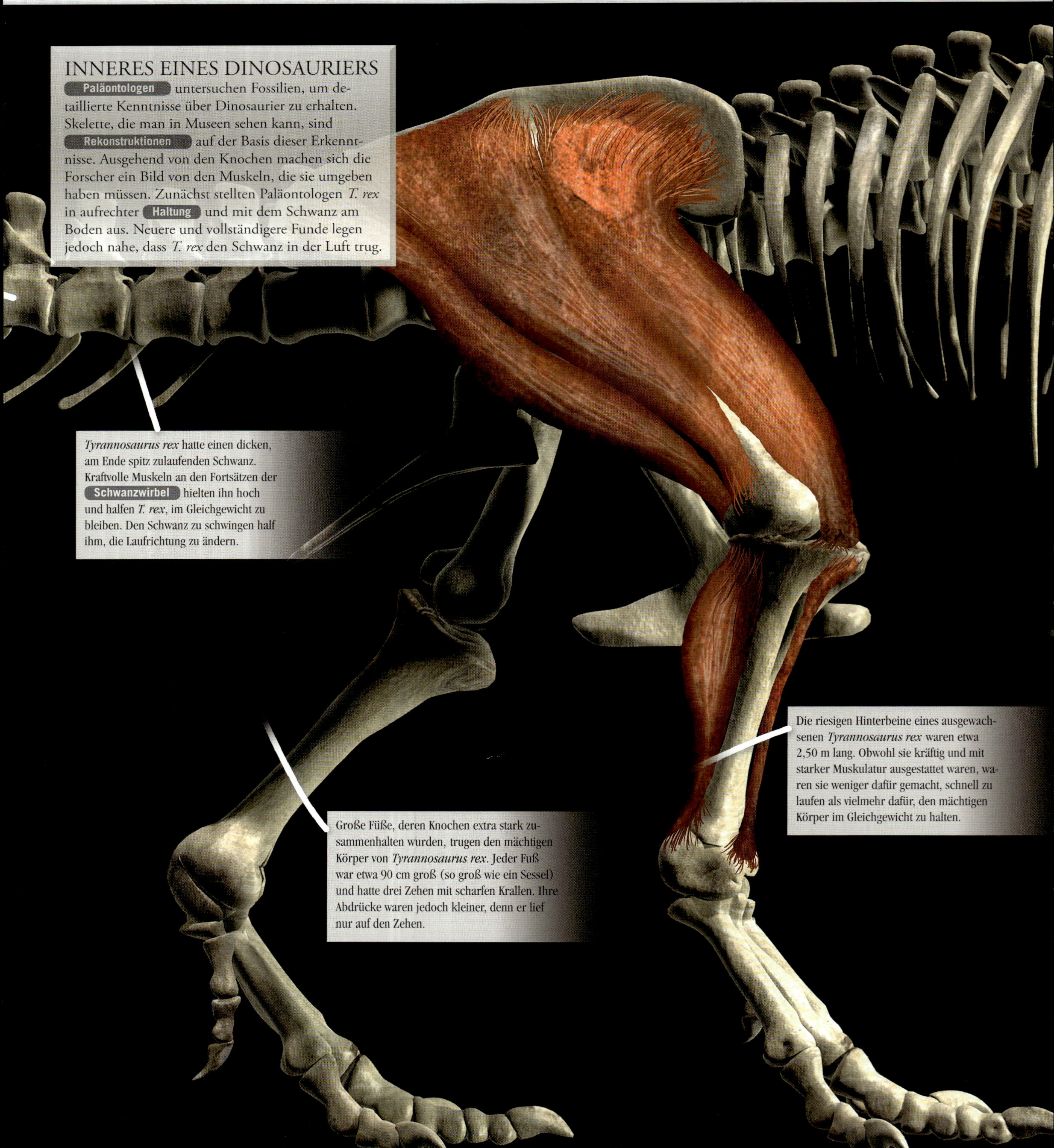

Tyrannosaurus rex hatte einen dicken, am Ende spitz zulaufenden Schwanz. Kraftvolle Muskeln an den Fortsätzen der **Schwanzwirbel** hielten ihn hoch und halfen *T. rex*, im Gleichgewicht zu bleiben. Den Schwanz zu schwingen half ihm, die Laufrichtung zu ändern.

Große Füße, deren Knochen extra stark zusammenhalten wurden, trugen den mächtigen Körper von *Tyrannosaurus rex*. Jeder Fuß war etwa 90 cm groß (so groß wie ein Sessel) und hatte drei Zehen mit scharfen Krallen. Ihre Abdrücke waren jedoch kleiner, denn er lief nur auf den Zehen.

Die riesigen Hinterbeine eines ausgewachsenen *Tyrannosaurus rex* waren etwa 2,50 m lang. Obwohl sie kräftig und mit starker Muskulatur ausgestattet waren, waren sie weniger dafür gemacht, schnell zu laufen als vielmehr dafür, den mächtigen Körper im Gleichgewicht zu halten.

Paläontologe Wissenschaftler, der die Lebensformen vergangener Erdzeitalter untersucht – vor allem anhand von Fossilien

Haltung Die Art, wie ein Tier oder eine Person den Körper im Stehen oder in der Bewegung hält

Schwanzwirbel Ineinander verzahnte Einzelknochen, die den Schwanz bilden

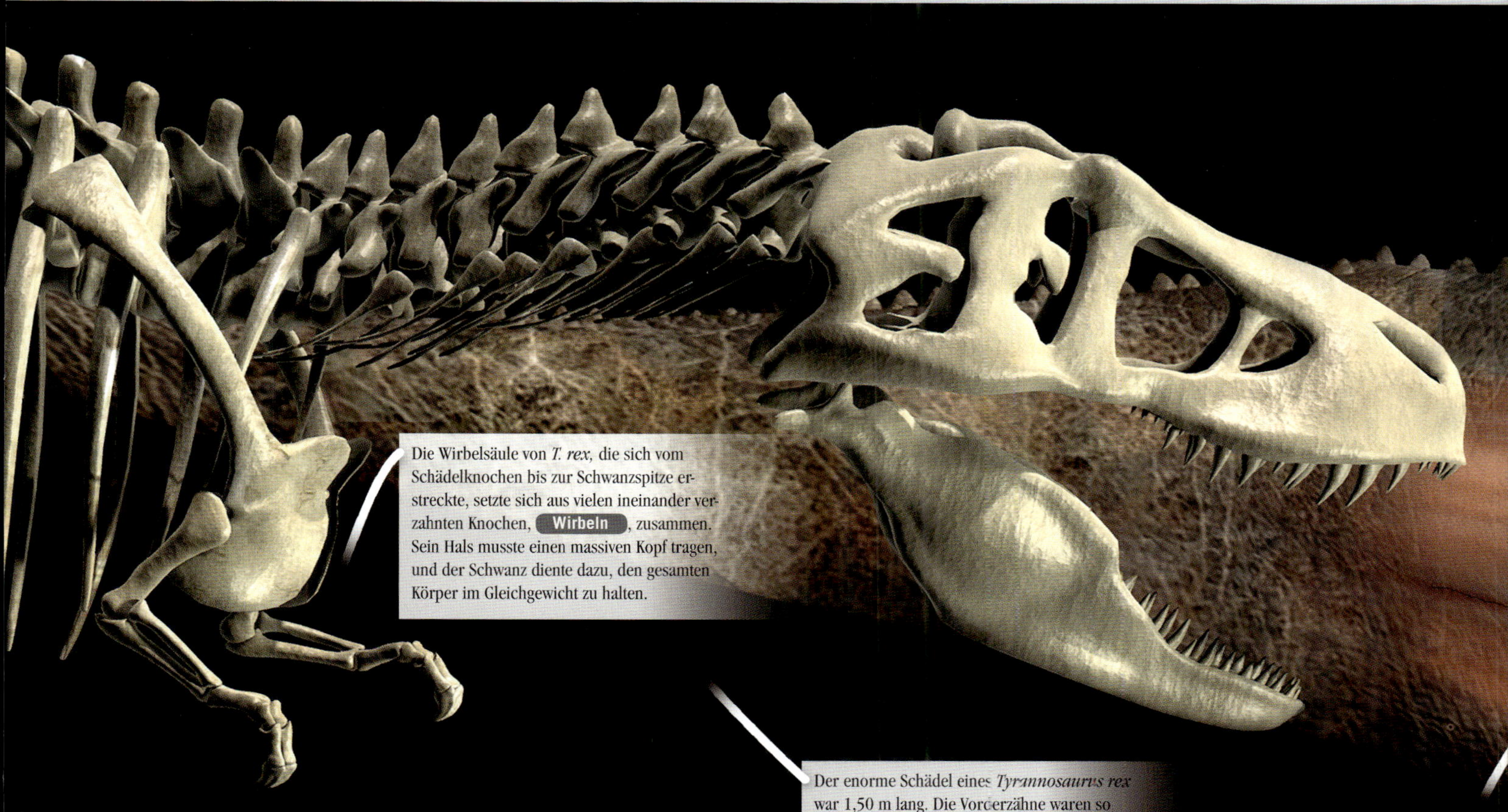

Die Wirbelsäule von *T. rex*, die sich vom Schädelknochen bis zur Schwanzspitze erstreckte, setzte sich aus vielen ineinander verzahnten Knochen, **Wirbeln**, zusammen. Sein Hals musste einen massiven Kopf tragen, und der Schwanz diente dazu, den gesamten Körper im Gleichgewicht zu halten.

Die Vorderpfoten waren nur 1 m lang – etwa so lang wie der Arm eines erwachsenen Menschen. Am Ende eines jeden Armes saß eine Hand mit zwei scharfen Krallen. Sie waren zu kurz, um damit bis zum Maul zu reichen; wahrscheinlich hielt *T. rex* damit die Beute fest und riss mit den Zähnen einzelne Stücke heraus.

Der enorme Schädel eines *Tyrannosaurus rex* war 1,50 m lang. Die Vorderzähne waren so groß wie zylindrische Fleischmesser, und in seinem Riesenmaul hätte er mühelos ein Kind aufspießen können. *T rex* konnte mit einem Biss bis zu 230 kg Fleisch und Knochen verschlingen – das entspricht etwa einem Motorrad.

Skelettrekonstruktionen zeigen, dass die Länge eines ausgewachsenen *Tyrannosaurus rex* von der Schnauz- bis zur Schwanzspitze etwa 12,80 m betrug und die Hüfthöhe ca. 4 m. Zusammen mit Muskeln, Fleisch und inneren Organen betrug sein Lebendgewicht etwa 7 Tonnen (7000 kg).

SCHNELL ODER LANGSAM?

Paläontologen haben für *Tyrannosaurus rex* ein **Schrittmaß** von 3,70–4,60 m errechnet; davon ausgehend errechneten sie eine Laufgeschwindigkeit von ca. 12 km/h sowie eine Spitzengeschwindigkeit von 36 km/h. Früher nahm man an, *Tyrannosaurus rex* sei schneller gewesen; genauere Studien der Beine widerlegten jedoch diese Hypothese. Dafür hätte er weit größere Beinmuskeln benötigt als nachgewiesen werden konnten. Doch dann wäre das Tier zu schwer gewesen, um sich überhaupt bewegen zu können.

Rekonstruktion Ein Skelett, das die Größe und Struktur eines Dinosauriers erkennen lässt; die Rekonstruktion zeigt, wie er lebend ausgesehen haben mag.

Schrittmaß Der Abstand zwischen den Zehen beider Füße beim Gehen

Wirbel Ineinander verzahnte Knochen, die die Wirbelsäule bis zur Schwanzspitze bilden

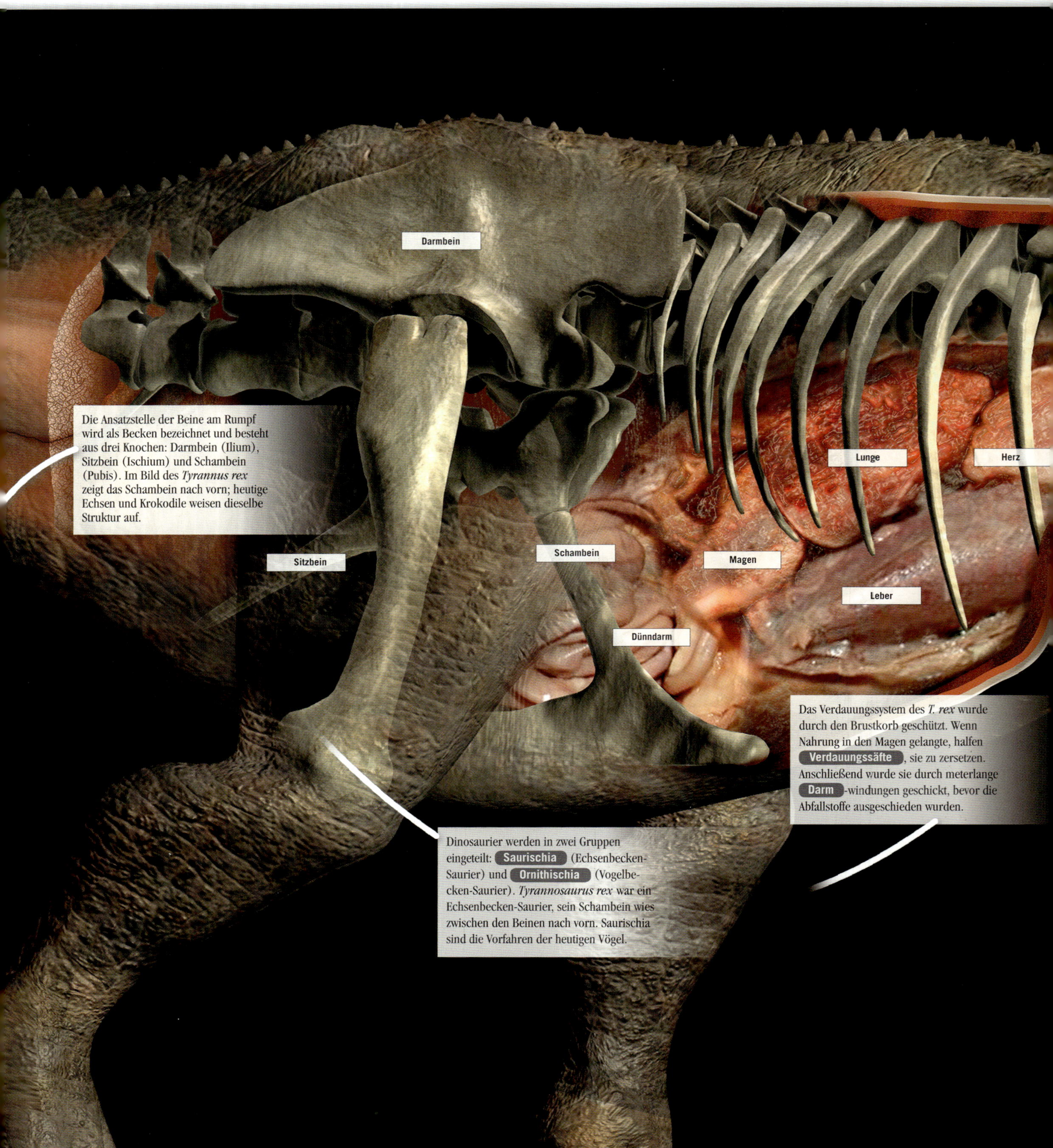

Die Ansatzstelle der Beine am Rumpf wird als Becken bezeichnet und besteht aus drei Knochen: Darmbein (Ilium), Sitzbein (Ischium) und Schambein (Pubis). Im Bild des *Tyrannus rex* zeigt das Schambein nach vorn; heutige Echsen und Krokodile weisen dieselbe Struktur auf.

Das Verdauungssystem des *T. rex* wurde durch den Brustkorb geschützt. Wenn Nahrung in den Magen gelangte, halfen **Verdauungssäfte**, sie zu zersetzen. Anschließend wurde sie durch meterlange **Darm**-windungen geschickt, bevor die Abfallstoffe ausgeschieden wurden.

Dinosaurier werden in zwei Gruppen eingeteilt: **Saurischia** (Echsenbecken-Saurier) und **Ornithischia** (Vogelbecken-Saurier). *Tyrannosaurus rex* war ein Echsenbecken-Saurier, sein Schambein wies zwischen den Beinen nach vorn. Saurischia sind die Vorfahren der heutigen Vögel.

Saurischia Dinosaurier mit echsenähnlicher Beckenstruktur, bei der Scham- und Sitzbein in entgegengesetzte Richtungen weisen

Ornithischia Dinosaurier mit vogelähnlicher Beckenstruktur: Sowohl das Schambein als auch das Sitzbein weisen bei ihnen nach hinten.

Verdauungssäfte In Magen und Darm produzierte Flüssigkeiten, die die Zersetzung der Nahrung auf ihrem Weg durch den Körper fördern

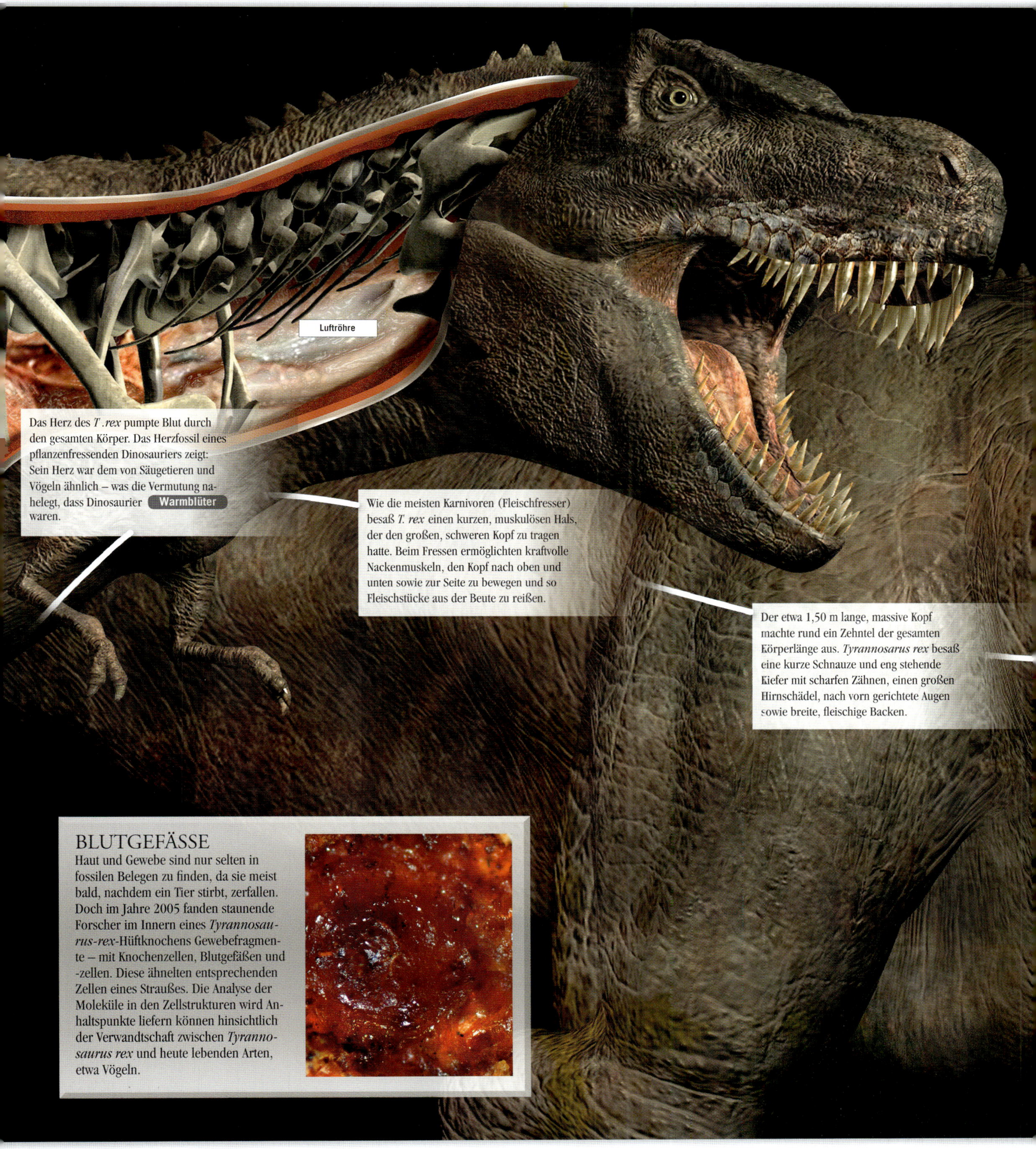

Das Herz des *T. rex* pumpte Blut durch den gesamten Körper. Das Herzfossil eines pflanzenfressenden Dinosauriers zeigt: Sein Herz war dem von Säugetieren und Vögeln ähnlich – was die Vermutung nahelegt, dass Dinosaurier **Warmblüter** waren.

Wie die meisten Karnivoren (Fleischfresser) besaß *T. rex* einen kurzen, muskulösen Hals, der den großen, schweren Kopf zu tragen hatte. Beim Fressen ermöglichten kraftvolle Nackenmuskeln, den Kopf nach oben und unten sowie zur Seite zu bewegen und so Fleischstücke aus der Beute zu reißen.

Der etwa 1,50 m lange, massive Kopf machte rund ein Zehntel der gesamten Körperlänge aus. *Tyrannosarus rex* besaß eine kurze Schnauze und eng stehende Kiefer mit scharfen Zähnen, einen großen Hirnschädel, nach vorn gerichtete Augen sowie breite, fleischige Backen.

BLUTGEFÄSSE

Haut und Gewebe sind nur selten in fossilen Belegen zu finden, da sie meist bald, nachdem ein Tier stirbt, zerfallen. Doch im Jahre 2005 fanden staunende Forscher im Innern eines *Tyrannosaurus-rex*-Hüftknochens Gewebefragmente – mit Knochenzellen, Blutgefäßen und -zellen. Diese ähnelten entsprechenden Zellen eines Straußes. Die Analyse der Moleküle in den Zellstrukturen wird Anhaltspunkte liefern können hinsichtlich der Verwandtschaft zwischen *Tyrannosaurus rex* und heute lebenden Arten, etwa Vögeln.

Darm Langer, gewundener Kanal im Unterleib – vom Magen bis zum After (Darmausgang) –, der Nahrung sowie Wasser aufnimmt und verdaut

Warmblüter Tiere mit unabhängig von äußeren Bedingungen gleichbleibender (selbstregulierter) Körpertemperatur

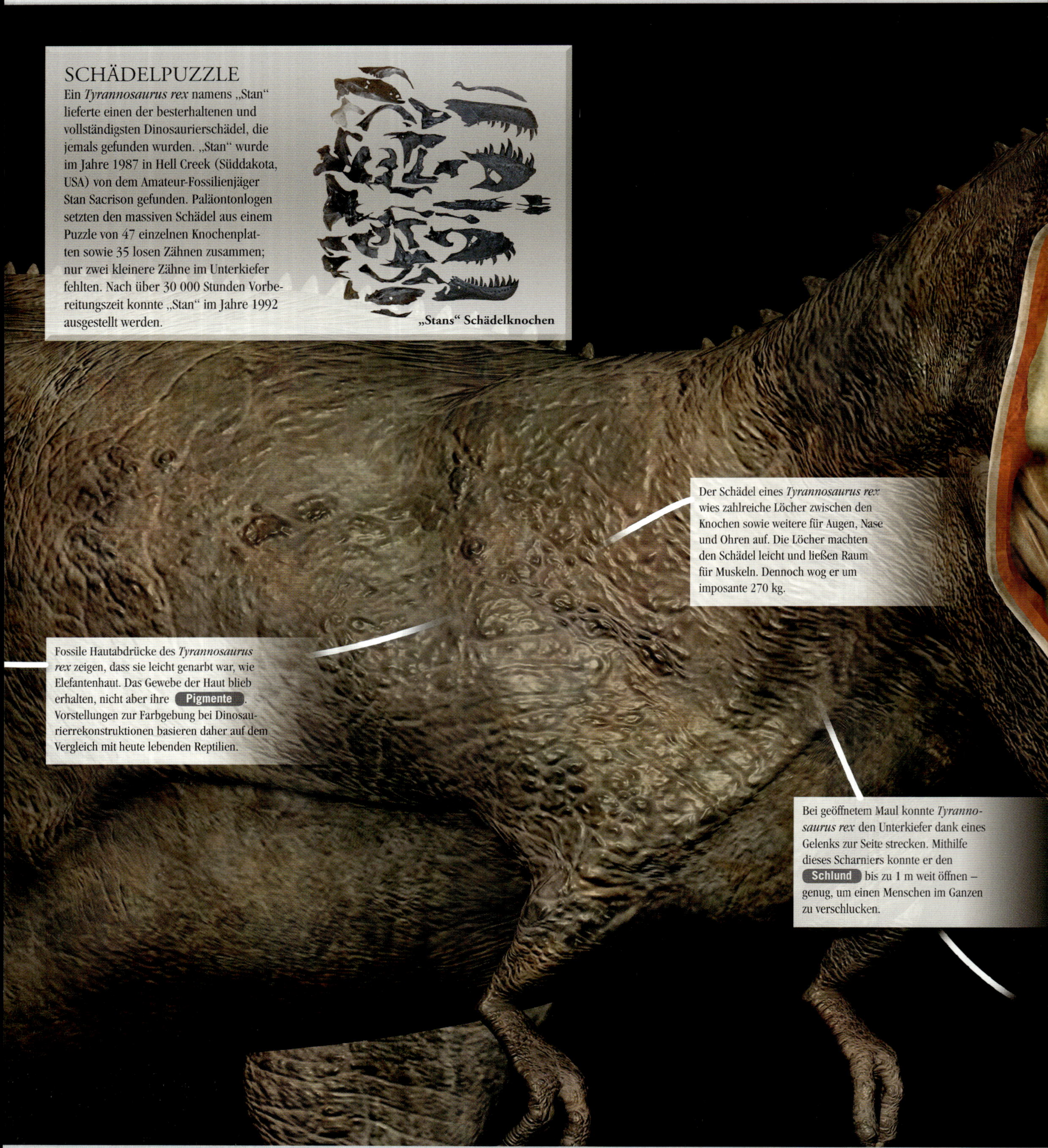

SCHÄDELPUZZLE

Ein *Tyrannosaurus rex* namens „Stan" lieferte einen der besterhaltenen und vollständigsten Dinosaurierschädel, die jemals gefunden wurden. „Stan" wurde im Jahre 1987 in Hell Creek (Süddakota, USA) von dem Amateur-Fossilienjäger Stan Sacrison gefunden. Paläontonlogen setzten den massiven Schädel aus einem Puzzle von 47 einzelnen Knochenplatten sowie 35 losen Zähnen zusammen; nur zwei kleinere Zähne im Unterkiefer fehlten. Nach über 30 000 Stunden Vorbereitungszeit konnte „Stan" im Jahre 1992 ausgestellt werden.

„Stans" Schädelknochen

Der Schädel eines *Tyrannosaurus rex* wies zahlreiche Löcher zwischen den Knochen sowie weitere für Augen, Nase und Ohren auf. Die Löcher machten den Schädel leicht und ließen Raum für Muskeln. Dennoch wog er um imposante 270 kg.

Fossile Hautabdrücke des *Tyrannosaurus rex* zeigen, dass sie leicht genarbt war, wie Elefantenhaut. Das Gewebe der Haut blieb erhalten, nicht aber ihre **Pigmente**. Vorstellungen zur Farbgebung bei Dinosaurierrekonstruktionen basieren daher auf dem Vergleich mit heute lebenden Reptilien.

Bei geöffnetem Maul konnte *Tyrannosaurus rex* den Unterkiefer dank eines Gelenks zur Seite strecken. Mithilfe dieses Scharniers konnte er den **Schlund** bis zu 1 m weit öffnen – genug, um einen Menschen im Ganzen zu verschlucken.

Pigmente Substanzen in pflanzlichem oder tierischem Gewebe, die eine charakteristische Farbe produzieren

Schlund Die Verlängerung des weit geöffneten Maules beim Säugetier

Augenhöhlen Zwei Löcher im Schädel, in denen die Augäpfel sitzen

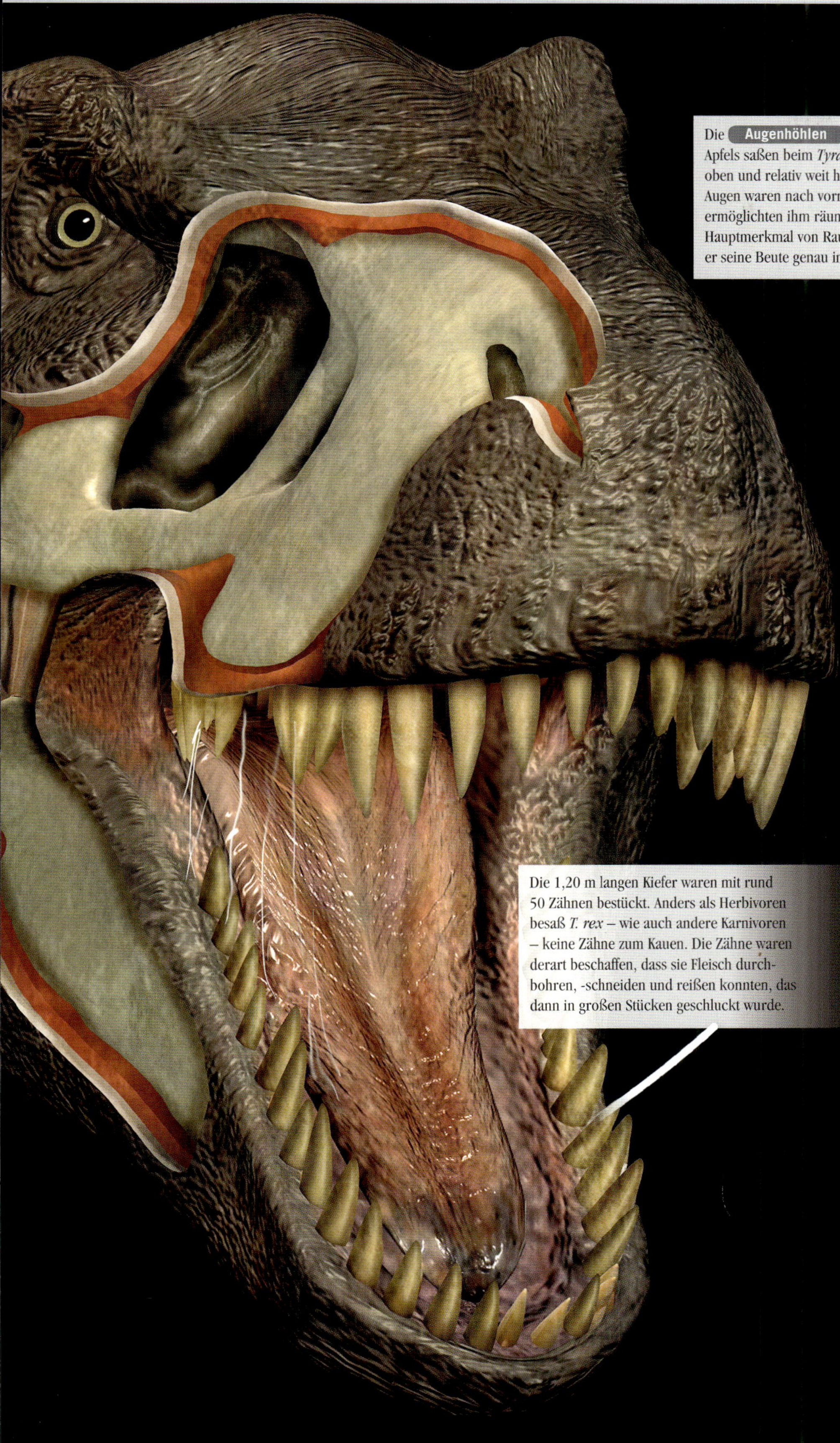

Die **Augenhöhlen** von der Größe eines Apfels saßen beim *Tyrannosaurus rex* hoch oben und relativ weit hinten am Kopf. Beide Augen waren nach vorn ausgerichtet und ermöglichten ihm räumlich zu sehen – ein Hauptmerkmal von Raubtieren. Damit konnte er seine Beute genau ins Visier nehmen.

Zwei Löcher an der Vorderseite des Schädels markieren die Nase des *Tyrannosaurus rex*. Sie zeigen, wie groß die Nasenlöcher waren, durch die er Luft einsog; sie erlaubten ihm auch, verschiedene **Duftstoffe** wahrzunehmen – eine notwendige Voraussetzung für einen erfolgreichen Jäger.

Die 1,20 m langen Kiefer waren mit rund 50 Zähnen bestückt. Anders als Herbivoren besaß *T. rex* – wie auch andere Karnivoren – keine Zähne zum Kauen. Die Zähne waren derart beschaffen, dass sie Fleisch durchbohren, -schneiden und reißen konnten, das dann in großen Stücken geschluckt wurde.

AUSGEPRÄGTER GERUCHSSINN

Tyrannosaurus rex hatte einen ausgeprägten Geruchssinn. Das lässt sich aus der **3-D-Aufnahme** eines Schädelinnern schließen, die zeigt, dass er ein Gehirn von 30,5 cm Länge besaß. Fast die Hälfte des Raumes nahmen die **Riechkolben** ein: Sie übermitteln Duftreize von der Nase ans Gehirn. Seinen Geruchssinn benutzte *T. rex*, um tote und lebende Tiere, die er jagte, aufzuspüren.

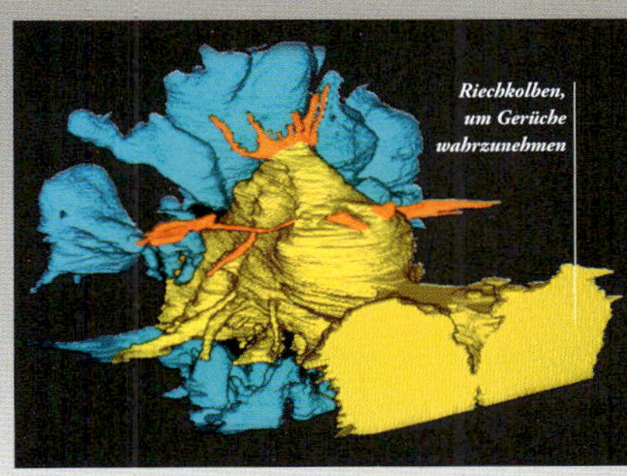

Duftstoffe Gerüche, die im Vorübergehen abgesondert werden und an denen sich Menschen oder Tiere erkennen lassen

3-D-Aufnahme Mit computergesteuerten Verfahren aus einer Serie von Röntgenaufnahmen erzeugtes dreidimensionales Bild

Riechkolben Für den Geruchssinn verantwortliche Organe im Gehirn

„SUES" ENTDECKUNG

DER VOLLSTÄNDIGSTE *TYRANNOSAURUS REX*, DER JE GEFUNDEN WURDE

Entdecker der Fossilien

Name	Sue Hendrickson
Geboren	1949
Geburtsort	Chicago, Illinois, USA
Beruf	Paläontolcgin und Meeresarchäologin

Das Leben der Paläontologin Sue Hendrickson änderte sich von Grund auf an dem Tag, als sie ein nahezu vollständiges *Tyrannosaurus-rex*-Fossil fand. Am 12. August 1990 war sie zusammen mit einem Kollegenteam in der Nähe von Faith, einer Kleinstadt in Süddakota, USA. Unter Paläontologen ist dieser Ort berühmt, denn in der Umgebung wurden bereits zahlreiche Dinosaurierfossilien gefunden. An diesem kühlen, nebeligen Morgen machte sich Sue mit ihrem Hund Gypsy auf den Weg zu einem etwa 7 km entfernten Felsabhang, den das Team bisher noch nicht untersucht hatte.

Der Fund ihres Lebens

Bereits wenige Minuten, nachdem sie den Abhang erreicht hatte, erkannte Sue, dass sie auf den Fund ihres Lebens gestoßen war. Am Fuße der Klippe lagen Knochenfossilien, und als sie nach oben schaute, entdeckte sie große Rückenknochen und einen im Seitenabhang eingebetteten Beinkochen – ganz offensichtlich von einem großen Karnivoren; vielleicht von einem *Tyrannosaurus rex*? Sue zeigte ihren Kollegen die Knochen; unter großer Aufregung bestätigten diese: Sie stammten tatsächlich von dem legendären Lebewesen. Zu Ehren der Finderin erhielt der neu entdeckte *T. rex* den Namen „Sue".

***Der Felsabhang** datiert aus der Oberkreide (vor 100-65 Mio. Jahren). Sue Hendrickson hielt ihn für einen geeigneten Ort, um nach Dinosaurierfossilien zu suchen.*

Das vollständige Skelett

Dieser *Tyrannosaurus rex* hatte seit 67 Millionen Jahren in einem sandsteinähnlichen Grab gelegen, das die Knochen schützte. Die Wissenschaftler schlugen diesen Schutzmantel aus Stein Stück für Stück ab und förderten den Dinosaurier in seiner ganzen Pracht zutage. Im Verlauf der folgenden 17 Tage legte das Team den größten und vollständigsten *T. rex* frei, der jemals gefunden wurde: alles in allem mehr als 200 Knochen, rund 90 % eines Skeletts.

Wem gehört „Sue"?

Die Knochen wurden in ein privates Labor transportiert; dort setzte der langwierige Prozess der Ausstellungsvorbereitung ein. Was eine angenehme Arbeit hätte werden sollen, verwandelte sich jedoch in eine

„Täglich wachten wir auf und sagten uns: 'Heute hole ich mir eine Katze mit Säbelzähnen.' Aber einen *T.rex*? Darüber machte man nicht einmal Scherze – so weit hergeholt war das."

Sue Hendrickson über die Chancen, einen Tyrannosaurus rex *zu finden.*

„Sie rief mich. Ich kann es nicht erklären, aber nie zuvor fühlte ich mich so angezogen.“

Sue Hendrickson erklärt, warum sie sich zu diesem Felsabhang so hingezogen fühlte.

Auseinandersetzung um die Frage, wem das Fossil eigentlich gehörte: dem Farmer, auf dessen Land es gefunden wurde oder den Sioux-Indianern, in deren Reservat das Land lag? Oder den Fossilienjägern, weil sie dem Farmer bereits 5000 US-Dollar gezahlt hatten? Der Farmer bestand darauf, das Geld sei für den Zugang zu seinem Land fällig gewesen, nicht aber für das gefundene Fossil. Oder gehörte der Fund der US-Regierung, da sie das Land der Farmers treuhänderisch verwaltete? All diese Fragen mussten geklärt werden, und es dauerte Jahre, bis ein Gericht entschied: „Sue“ gehört dem Farmer. Am 4. Oktober 1997 verkaufte er sie für den atmeberaubenden und weltweiten Rekordpreis von 8,4 Millionen US-Dollar an das Field Museum, Chicago. Im Mai 2000 stellte das Museum das weltweit vollständigste *Tyrannosaurus-rex*-Skelett aus.

Was ist an „Sue“ einzigartig?

Einen *Tyrannosaurus rex* zu finden, ist schon selten genug; einen so vollständigen wie Sue zu entdecken – davon träumen Paläontologen. Jetzt können sie den riesigen Fleischfresser eingehend von Kopf bis Fuß untersuchen. Vor „Sue“ hatte man z B. nur einen einzelnen *T.-rex*-Arm gefunden; seine geringe Größe ließ die Wissenschftler von einer relativen Schwäche der Arme ausgehen. Die Entdeckung „Sues“ jedoch führte dazu, dass die Lehrbücher umgeschrieben wurden: Man erkannte, dass die Arme eines *T. rex* – obwohl sie nur so lang waren wie die eines erwachsenen Menschen – unglaublich stark waren.

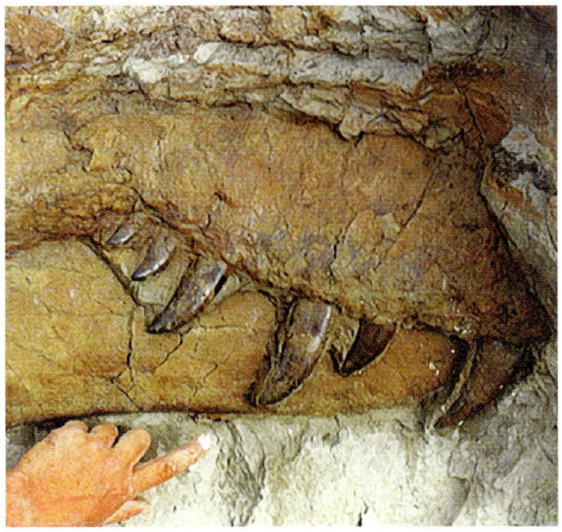

***"Sues" Schnauze brach** kurz nach ihrem Tod. Paläontologen glauben, herabstürzendes Wasser könnte die Ursache dafür sein, dass ihr Becken auf den Kopf aufschlug.*

***17 Tage waren notwendig,** um alle Knochen auszugraben. Die Ausgrabungsstätte wurde sorgfältig aufgezeichnet und die Position jedes einzelnen Knochens festgehalten, bevor er entfernt wurde.*

***Einzig die Größe des Skeletts** liefert Hinweise auf das Geschlecht des Dinosauriers. Auch bei Raubvögeln – den nächsten Verwandten des* Tyrannosaurus rex *– sind die Weibchen größer als die Männchen.*

„Sue“ – auf einen Blick

Alter	Voll ausgewachsen
Länge	12,80 m
Hüfthöhe	4 m
Lebendgewicht	6,40 Tonnen
Schädellänge	1,50 m
Schädelgewicht	272 kg
Anzahl d. Zähne	58
Länge d. Zähne	19-30 cm
Nahrung	Fleisch
Gesundheit	Gebrochene Rippen, zertrümmerter Schwanz, Kieferwunde
Geschlecht	Unbekannt, vielleicht weiblich
Hautfarbe	Unbekannt
Todesalter	Wohl hoch, weil Knochen Abnutzungsspuren zeigen

BEUTE JAGEN

Die versteinerten Knochen gehörten einst einem *Tyrannosaurus rex*, einer brüllenden und beißenden Bestie, die durch tief liegende Gebiete im heutigen US-Bundesstaat Montana streifte. Seit der Kreide hat sich diese Landschaft dramatisch verändert; vor 65 Millionen Jahren lag hier ein Flickenteppich aus Wäldern und Sümpfen. Sein einstiges Aussehen können Wissenschaftler durch Untersuchung der Felsen erschließen. Auch wenn *Tyrannosaurus rex* mithilfe von Fossilien rekonstruiert werden kann, müssen Forscher auf heute lebende Jagdtiere, zum Beispiel Tiger, zurückgreifen, um eine Vorstellung von seinem Verhalten, seinen Jagdtaktiken, zu gewinnen. Folge ihm auf seiner Suche nach Nahrung, während er Beute macht und schließlich zu einer Kraftprobe mit einem Artgenossen herausgefordert wird.

Zwischen den Stämmen riesiger Kiefern hindurch bahnt sich der größte Jäger, der jemals auf der Erde wanderte, seinen Weg: ein ausgewachsener *Tyrannosaurus rex*. Trotz seiner Größe schleicht er durch den Wald, ohne Aufmerksamkeit auf sich zu ziehen.

Der Tyrannosaurier hat seit Tagen nichts gefressen. Wie Löwen und andere große Fleischfresser heutzutage frisst er viel auf einmal und anschließend bis zu eine Woche lang nicht mehr. Sein Magen ist leer, und die Nerven senden Hungersignale zum Gehirn. Die Jagd nach Nahrung beginnt.

Tyrannosaurus rex streift mit aufmerksamen **Sinnen** durch den Wald. Seine Augen sind nach vorn gerichtet wie die eines Löwen; sie können mit großer **Tiefenschärfe** sehen. Irgendwo vor ihm wartet eine ahnungslose Beute, die der Tyrannosaurier mit Augen, Nase und Ohren aufspürt.

Sinne Hören, Sehen, Riechen, Fühlen und Schmecken sind die Hauptsinne, mit denen ein Tier die Welt wahrnimmt.

Tiefenschärfe Raum und Reichweite, in der ein Tier gut sehen kann; jedes Auge sieht einen anderen Blickwinkel, und das Gehirn kombiniert beide. Man nennt dies räumliches Sehen.

Tyrannosaurus rex dreht den Kopf in Richtung der Wassergeräusche. Er weiß, dass Tiere vom Wasser angezogen werden und sich an Flüssen, Teichen und Seen sammeln, um ihren Durst zu stillen. Vielleicht findet er am Ufer seine Beute. Leise macht er sich zur näheren Erkundung auf den Weg.

Wie viele andere Jagdtiere besitzt *Tyrannosaurus rex* einen ausgezeichneten Geruchssinn. Die Nasenlöcher öffnen sich weit, er schnuppert heftig und atmet tief ein. Die Gerüche des Waldes schießen durch die **Nasengänge** in sein Gehirn.

Ab und zu bleibt *Tyrannosaurus rex* stehen, lauscht und schwenkt den Kopf hin und her. Die Geräusche des Waldes dringen an seine Ohren – brechende Zweige, das Summen schwirrender Insekten und irgendwo in der Nähe Geräusche von etwas, das sich durchs Wasser bewegt.

Die Luft ist voller verschiedener Gerüche. Das Gehirn des Tyrannosauriers identifiziert sie augenblicklich. Es erkennt den Geruch von **Harz** der nahen Kiefern, den fauligen Geruch von altem Dung – und den unverkennbaren Geruch von Fleisch. Die Fressenzeit naht …

Nasengänge Wege, entlang derer die Luft beim Einatmen gezogen wird; dort angesiedelte Nervenenden senden Signale ins Gehirn, um Gerüche zu erkennen.

Harz Klebrige, gummiartige Substanz, die von Bäumen – vor allem Koniferen, z. B. Kiefern – produziert wird; Fossilien wurden auch in versteinertem Harz gefunden.

INTERESSANTE FUSSABDRÜCKE

Wenn Dinosaurier über weichen Boden liefen, hinterließen sie Fußspuren. Einige versteinerten und bewahrten so Fußabdrücke als **Spurenfossilien**. Sie lassen darauf schließen, wie (auf zwei oder vier Beinen) und in welcher Geschwindigkeit der Dinosaurier lief. Herbivoren hinterließen Fußspuren in großer Zahl, was darauf hinweist, dass sie in Herden lebten. Man nimmt an, dass sie bei der **Migration** je nach Jahreszeit bestimmten Routen folgten, um geeignete Weide- und Brutstätten zu finden.

Dinosaurierspuren in Painted Desert in Arizona, USA

Eine *Anatotitan*-Herde besteht aus mehreren Familiengruppen, in denen aus Sicherheitsgründen Jung und Alt zusammenbleiben. Ein einzelner *Anatotitan* kann jederzeit Beute eines Raubtieres werden; doch eine Herde ist unübersichtlich und macht es einem Jäger schwerer anzugreifen.

Nahe der Wasserquelle tauchen im weichen, schlammigen Boden Fußabdrücke auf. Es sind Dinosaurierspuren – und zwar viele. Die Spuren machen deutlich, dass eine Herde in der Nähe ist und dass sich in diesem Teil des Waldes Dinosaurier versammeln.

Eine Herde steht um das Wasserloch herum. Es sind Hadrosaurier, pflanzenfressende Entenschnabelsaurier. Ein ausgewachsener *Anatotitan* („Riesige Ente") ist etwa so groß wie ein *Tyrannosaurus rex*; doch ein Tyrannosaurier wird einen Hadrosaurier jederzeit besiegen.

Die Spuren führen zu einer Lichtung zwischen den Bäumen. In deren Mitte liegt ein sumpfiges Becken: ein **Trinkloch**, das Tiere auf der Suche nach Wasser anzieht, aber auch Beutejäger, die ahnungslos trinkende Tiere leicht zu überwältigen hoffen.

Spurenfossilien Die in Stein konservierten Spuren von Tieren, die diese im Laufe ihres Lebens hinterließen – wie Fußabdrücke, Eier, Nester und Kot

Migration Jahreszeitlich bedingte Wanderung von einem Ort zum anderen

Trinkloch Ein einstiger See oder eine natürliche Bodensenke, in der sich Wasser sammelt und wo sich Tiere zum Trinken versammeln

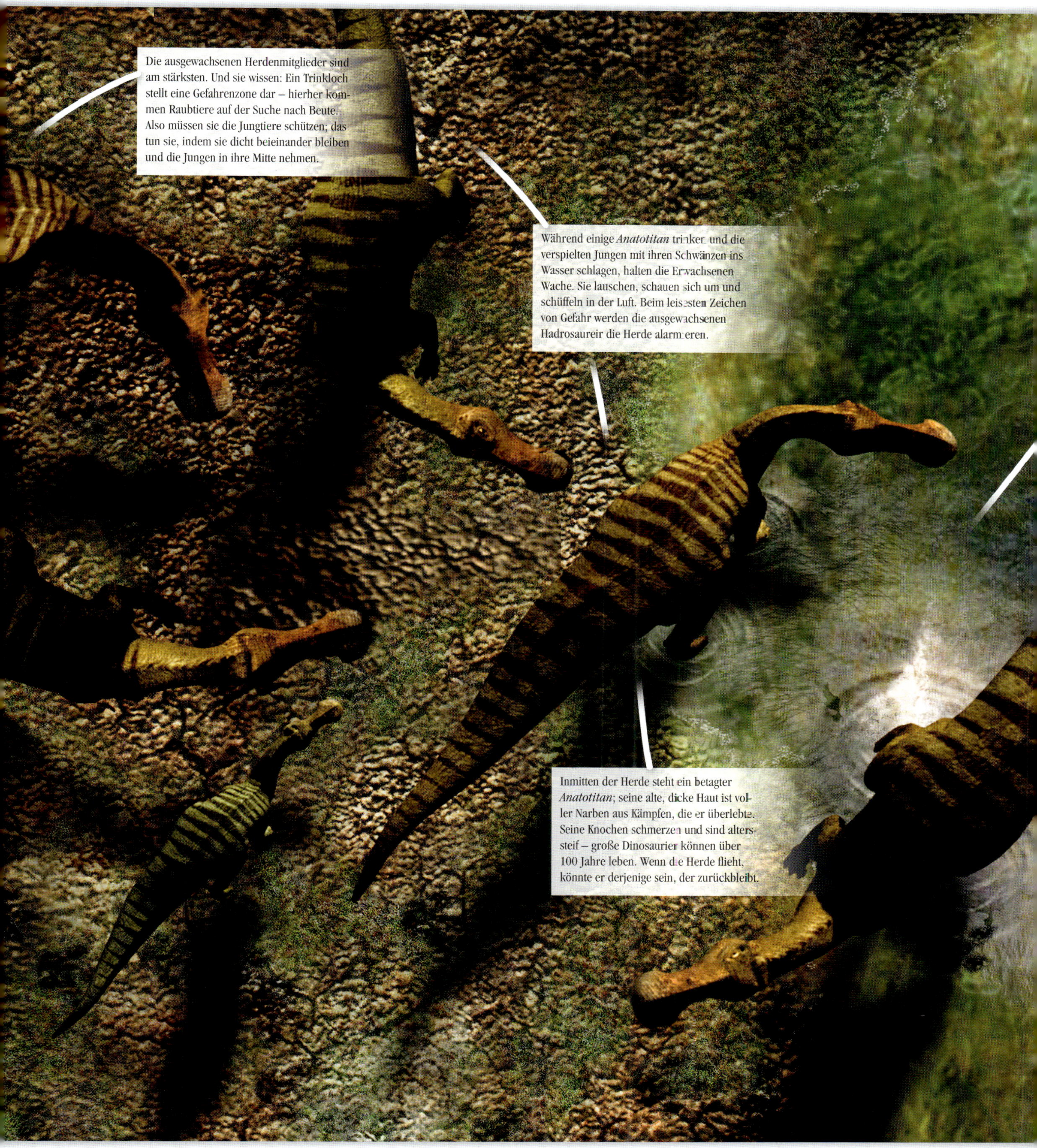

Die ausgewachsenen Herdenmitglieder sind am stärksten. Und sie wissen: Ein Trinkloch stellt eine Gefahrenzone dar – hierher kommen Raubtiere auf der Suche nach Beute. Also müssen sie die Jungtiere schützen; das tun sie, indem sie dicht beieinander bleiben und die Jungen in ihre Mitte nehmen.

Während einige *Anatotitan* trinken und die verspielten Jungen mit ihren Schwänzen ins Wasser schlagen, halten die Erwachsenen Wache. Sie lauschen, schauen sich um und schüffeln in der Luft. Beim leisesten Zeichen von Gefahr werden die ausgewachsenen Hadrosaurier die Herde alarmieren.

Inmitten der Herde steht ein betagter *Anatotitan*; seine alte, dicke Haut ist voller Narben aus Kämpfen, die er überlebte. Seine Knochen schmerzen und sind altersteif – große Dinosaurier können über 100 Jahre leben. Wenn die Herde flieht, könnte er derjenige sein, der zurückbleibt.

Durch Geräusche aufgeschreckt, hört die Herde auf zu fressen, und einige *Anatotitan* heben die Köpfe. Der beängstigende Geruch des *Tyrannosaurus rex* steigt in ihre Nasen. Der Jäger hat sie überlistet, indem er sich ihnen gegen die Windrichtung näherte, sodass sie ihn bisher nicht wahrgenommen haben.

Anatotitan leben in Herden und reagieren alle gleich: Gerät ein Tier in Panik, folgen die anderen nach. Bewegt sich eines, gerät die ganze Herde in Bewegung und zerstreut sich in alle Richtungen: ein Verteidigungsmechanismus, der es dem Angreifer erschwert, sich ein einzelnes Tier herauszugreifen.

Ihren entenähnlichen Schnäbeln entfahren Alarmrufe, die durch erweiterte Nasengänge verstärkt werden und alle auf die Gefahr aufmerksam machen. Auch auf anderen Wegen geben sie Alarmsignale: An ihrer Schnauze bläht sich ein farbiger **Hautsack** auf – wie ein blutroter Ballon.

TYRANNOSAURUS-MAHLZEITEN

Der gigantischen Größe eines *Tyrannosaurus rex* entsprach sein Appetit, und je größer die Beute war, desto seltener brauchte er zu jagen. Größe und Stärke sowie seine furchterregenden Zähne erlaubten es ihm, andere Riesen der Kreidezeit zu attackieren – darunter Hadrosaurier wie *Anatotitan* und *Edmontosaurus*, aber auch gehörnte *Triceratops* und gepanzerte *Euoplocephalus*. Wahrscheinlich ernährte er sich auch von verwestem Fleisch toter Tiere. Dann verhielt sich *Tyrannosaurus rex* als **Aasfresser**, nicht als Jäger. Fand er ein totes Tier, das eines natürlichen Todes gestorben oder von einem anderen Tier getötet worden war, dann wird er sich die Mahlzeit gegönnt haben, ohne selbst dafür jagen zu müssen.

Hadrosaurierzähne

*Ihre **Zähne** wuchsen in dichten Reihen.*

*Die **Oberkieferzähne** glitten über die des Unterkiefers und zermalmten die Nahrung.*

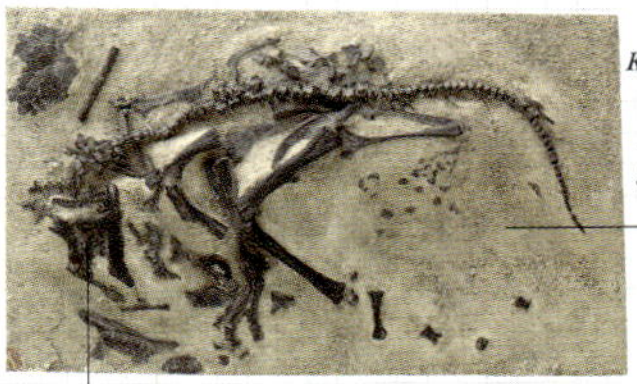

***Einzelne Knochenteile,** die nach Millionen Jahren im Boden gefunden wurden*

***Die Knochen** wurden noch nicht vollständig ausgegraben.*

Fossilien

ANATOTITAN

Der Dinosaurier hatte einen flachen, abschüssigen Kopf und keine Zähne. *Anatotitan* („Riesige Ente") war ein Herbivore, ein Pflanzenfresser, der die Pflanzenteile mit Hunderten von dicht aneinandergereihten Zähnen im hinteren Teil des Maules zermalmte. Brach ein Zahn aus, so wuchs ein neuer nach. *Anatotitan* konnte sowohl auf zwei als auch auf vier Beinen laufen. Wie die meisten Hadrosaurier lebte auch er in Herden.

Familie	Hadrosaurae
Größe	13 m
Gewicht	5 Tonnen
Habitat	Wälder und Sümpfe
Nahrung	Blätter, Kiefernnadeln, Zweige, Samenkörner

*Der **breite Schnabel** diente dazu, Pflanzenteile abzureißen.*

*Der **lange Hals** ermöglichte ihm, Blätter in den Baumkronen zu erreichen.*

Rekonstruktion

Aasfresser Ein Tier, das Fleisch von toten Tieren, die es nicht selbst getötet hat, sucht und frisst

Hautsack Beutel aus Haut (am Hals), der aufgebläht werden kann, um den Ruf zu verstärken – ähnlich den Schallblasen beim Frosch

Die schnellsten *Anatotitan* führen die **Stampede** fort von den Sümpfen an; sie werden sich in Sicherheit bringen können. Anders die Jungen, Alten und Schwachen: Mangelnde Erfahrung, alte Gelenke und Wunden lassen sie langsamer sein – und machen sie für *Tyrannosaurus rex* zu leichter Beute.

Der Jäger blickt sich um und sucht ein geeignetes Beutetier. Seine Augen fixieren einen alten *Anatotitan*, der von früheren Angriffen Narben davongetragen hat. Dieser wird sein Gegner sein – und von nun an gibt es kein Entrinnen mehr, dafür wird der hungrige Fleischfresser sorgen.

Tyrannosaurus rex nähert sich bedrohlich dem nur langsam fliehenden *Anatotitan*; dabei braucht er nicht einmal seine **Spitzengeschwindigkeit** von rund 36 km/h zu erreichen. Plötzlich dreht sich *Anatotitan*. In wenigen Sekunden hat *Tyrannosaurus rex* ihn eingeholt – und der Kampf beginnt.

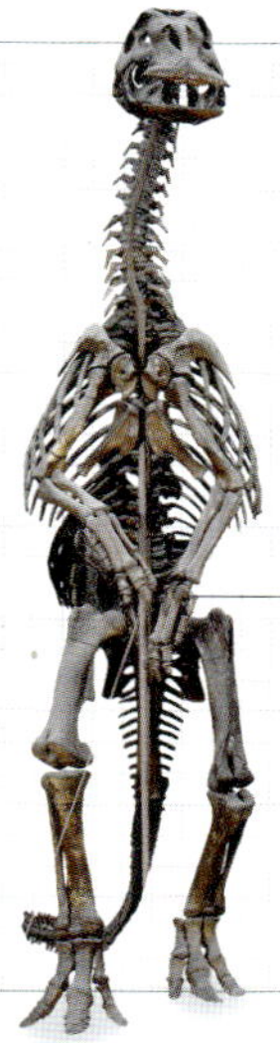

Edmontosaurus-Skelett

Vier Finger an jeder Hand

*Ein **wuchtiger Körper**, getragen von zwei kräftigen Hinterbeinen*

***Kräftige Füße** ermöglichten ein aufrechtes Gehen.*

Rekonstruktion

Mumifizierte Haut

***Hautfetzen** blieben an den versteinerten Knochen erhalten.*

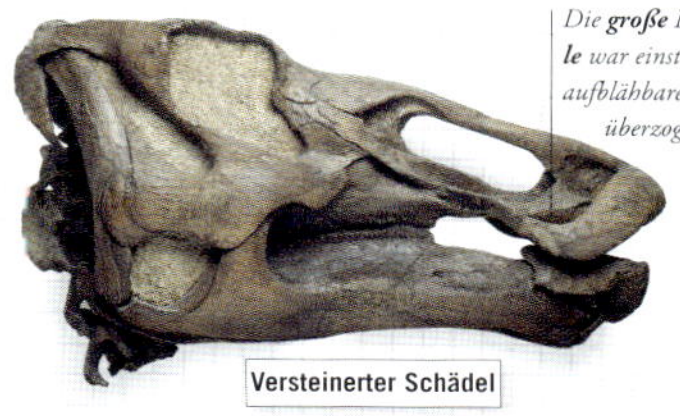

*Die **große Nasenhöhle** war einst mit einem aufblähbaren Luftsack überzogen.*

Versteinerter Schädel

EDMONTOSAURUS

Der Entenschnabelsaurier *Edmontosaurus* („Echse von Edmonton“), ein Pflanzenfresser, hatte kurze Arme und einen langen, spitz zulaufenden Schwanz. Die Füße waren behuft, und die Hände umschloss teilweise ein fausthandschuhähnliches Netz. Die Haut um die Nase herum saß locker; er konnte sie aufblähen und so seine Rufe verstärken. *Edmontosaurus* bewegte sich langsam, besaß jedoch ein gutes Gehör und gute Augen sowie einen ausgeprägten Geruchssinn.

Familie Hadrosauridae
Größe 12 m lang
Gewicht 4 Tonnen
Habitat Wälder und Sümpfe
Nahrung Koniferennadeln, Zweige und Samenkörner

Stampede Wenn eine Gruppe von Tieren gleichzeitig und fluchtartig in dieselbe Richtung rennt

Spitzengeschwindigkeit Das schnellste Lauftempo; die Annahme basiert auf der Größe seiner Hinterbeine und dem Vergleich mit heute lebenden Arten.

Mumifiziert Bezeichnung für geschrumpfte und ausgetrocknete Körperteile, die über Jahrhunderte erhalten blieben

In diesem Katz-und-Maus-Spiel behält der Tyrannosaurier die Oberhand. Er zieht seine Kreise immer enger und nähert sich dem Gegner auf unmittelbare Reichweite – ein riskanter Zug, da der Tyrannosaurier jetzt nah genug ist, um von einem Erstschlag *Anatotitans* getroffen zu werden.

Tyrannosaurus rex holt sein Opfer ein und beginnt, es in sicherer Entfernung zu umkreisen. *Anatotitan* wird durch diese Taktik verwirrt und ist gezwungen stehenzubleiben. Er dreht sich in alle Richtungen, starrt den Jäger an und schlägt warnend mit dem Schwanz.

Beckenknochen

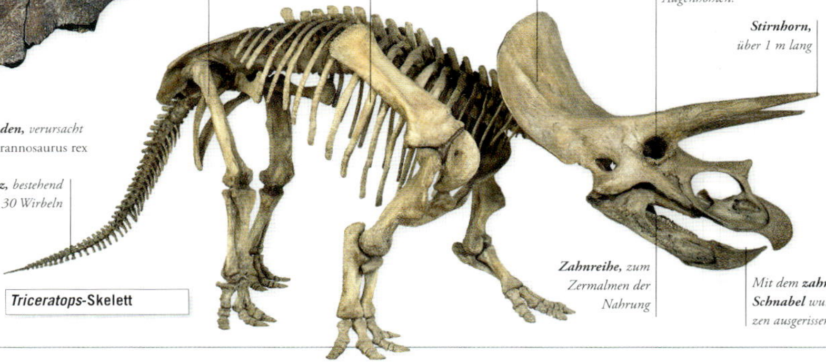

***Triceratops*-Skelett**

TRICERATOPS

Der Pflanzenfresser *Triceratops* („Drei-Horn-Gesicht") war ein horntragender Saurier, sog. Ceratopsier; sein stämmiger Körper wurde von vier Beinen getragen. Der hintere Schädelrand ging über in eine knochige Halskrause – ein Schutzschild. Vorn am Schädel saßen drei Hörner, die Haut und Knochen eines Feindes durchlöchern konnten. In Momenten der Gefahr kann *Triceratops* Nackenkrause und Hörner auch zur Abschreckung von Angreifern eingesetzt haben. Diese Dinosaurier lebten in Herden.

Familie	Ceratopsidae
Größe	9 m lang
Gewicht	Mehr ais 6 Tonnen
Habitat	Waldgebiete
Nahrung	Niedrig wachsende und palmenartige Pflanzen (Palmfarne)

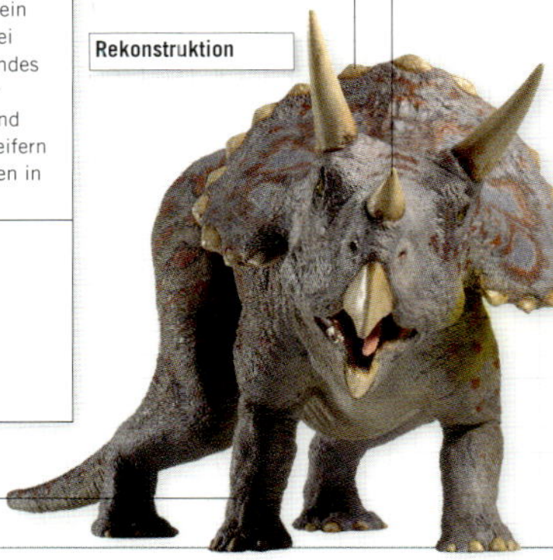

Rekonstruktion

Mit einem Schwanzschlag nimmt *Anatotitan* Tuchfühlung mit dem Tyrannosaurier auf und versetzt ihm einen kräftigen Schlag. *Tyrannosaurus rex* weicht zurück: Hätte *Anatotitan* seinen Schlag tiefer angesetzt, hätte er ein Bein des Gegners brechen und ihn niederstrecken können.

Anatotitan ergreift die Gelegenheit und beginnt in Richtung Wald zu fliehen. Doch er kommt nur langsam voran; und angesichts der Strecke, die zwischen ihm und der Sicherheit zu bewältigen ist, wird der schnellere *Tyrannosaurus rex* ihn alsbald eingeholt haben.

Tyrannosaurus rex holt im Nu *Anatotitan* linker Hand ein. Diesmal stellt dessen Schwanz keine Bedrohung dar, denn seine ganze Energie ist darauf konzentriert, zu rennen – in dem verzweifelten Versuch, sich in Sicherheit zu bringen. Doch der Hadrosaurier ermüdet schnell.

EUOPLOCEPHALUS

Der zu den gepanzerten Dinosauriern (Ankylosaurier) zählende *Euoplocephalus* („Gut-Gepanzerter-Kopf") war ein in den Wäldern lebender Pflanzenfresser. Rücken und Körperseiten schützte eine Panzerschicht aus knochigen Höckern und Platten; selbst die Augenlider trugen eine Knochenschicht. Seine Waffen: Vier Hörner schützten den Nacken, und knochige Dornen saßen auf dem Rücken. Wenn Gefahr drohte, schwang *Euoplocephalus* dem Angreifer die knochige Schwanzkeule entgegen.

Familie	Ankylosauridae	**Habitat**	Waldgebiete
Größe	6 m lang	**Nahrung**	Niedrig wachsende Pflanzen
Gewicht	4 Tonnen		

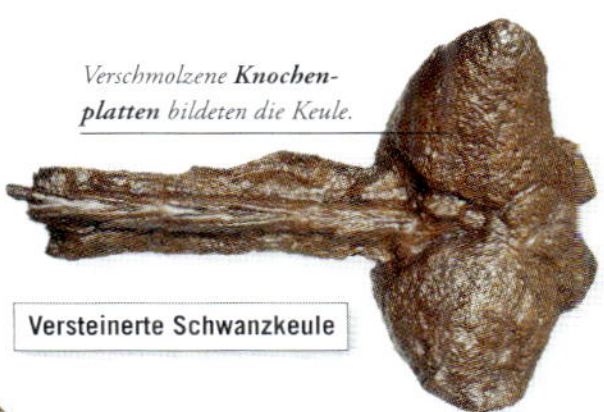

Versteinerte Schwanzkeule

Rekonstruktion

Versteinerter Schädel

Sobald der Tyrannosaurier *Anatotitan* eingeholt hat, öffnet er sein furchterregendes Maul mit den riesigen, messerscharfen Zähnen – jeder so groß wie ein Fleischmesser. *Tyrannosaurus rex* setzt zum Angriff an und stürzt sich auf den langen, schlanken Hals des Hadrosauriers.

Der alte *Anatotitan* macht einen letzten, verzweifelten Versuch, um *Tyrannosaurus rex* zu entkommen. Er zieht den Kopf weg von den furchterregenden Zahnreihen und sucht verzweifelt nach einem Ausweg. Doch *Tyrannosaurus rex* ist schneller als der erschöpfte Hadrosaurier.

Die Zähne des Tyrannosauriers können problemlos die zähe, ledrige Haut *Anatotitans* durchschneiden. Sie bohren sich tief in sein Fleisch und durchtrennen lebenswichtige Blutgefäße sowie die **Luftröhre**. *Tyrannosaurus rex* kann mit unglaublicher Kraft zubeißen und lässt die Beute nicht mehr los.

Hat *Tyrannosaurus rex* erst seine Zähne in den Hals des alten *Anatotitan* gebohrt und ihn fest im Griff, wird er ihn zu Boden drücken und ihn erledigen. Mit einem kraftvollen Schütteln des Kopfes wird der Tyrannosaurier den Hals des Hadrosauriers aufreißen und zu fressen beginnen. Bis zu 226 kg kann er dabei pro Bissen verschlingen.

Luftröhre Oberer Atemweg, der den Rachen mit der Lunge verbindet.

Da das Raubtier seit mehreren Tagen nichts gefressen hat, wird er sich an der Beute sattfressen. Mit den kurzen Armen hält es den Körper des *Anatotitan* am Boden; seine Kiefer schnappen im weichen Bauch zu und reißen heftig ein maulgroßes Stück heraus.

Tyrannosaurus rex kaute seine Nahrung nicht, wie Menschen es tun, denn die oberen und unteren Zähne trafen nicht aufeinander. Auch Knochen konnte er nicht zermalmen; doch sein kräftiger Biss brach sie entzwei; anschließend wurden sie unverdaut im Kot ausgeschieden.

Der tote *Anatotitan* gibt ein Festmahl ab, das nicht auf einmal verschlungen, sondern mehrere Tage lang genossen wird. Der Tyrannosaurier wird in der Nähe bleiben und immer wieder zu seiner Beute zurückkehren – die er vor Aasfressern, die eine Fressgelegenheit suchen, verteidigen muss.

DURCHBOHREN UND REISSEN

Der Tod kam schnell, hatte *Tyrannosaurus rex* ein Tier erst einmal gebissen. Die kraftvollen Kiefer und scharfen, spitzen Zähne führten schwerste Verletzungen herbei. Beim Fressen bediente er sich der Technik des Durchbohrens und Aufreißens: Der Tyrannosaurier biss in die Beute und ließ die Zähne so tief wie möglich ins Fleisch sinken. Die Kiefer fest zusammengehalten, rüttelte er nun den Kopf hin und her und zerrte, während er rückwärts ging, heftig an Haut und Fleisch des Opfers. Riss es auf, zerrte der Tyrannosaurier einen großen Bissen Fleisch daraus hervor. Forscher fanden diese grauenhafte Technik heraus, indem sie die Position und Form von 80 Zahnspuren eines *Tyrannosaurus rex* an einem gefundenen *Triceratops*-**Becken** untersuchten.

TYRANNOSAURUS-REX-ZAHN

Becken Beckenähnlich geformter Knochenring am Ende des Rückgrats; Ansatzstelle der Hinterbeine

KAMPFSPUREN

Fossilien von *Tyrannosaurus-rex*-Kieferknochen weisen tiefe Kratzer auf. Paläontologen gehen davon aus, dass sie – so wie heutzutage bei Bären – aus Bissen von Artgenossen herrühren, die wahrscheinlich beim Kampf um **Territorium**, Nahrung oder einen Partner entstanden. Sie können auch feststellen, dass die Tyrannosaurier diese Kämpfe überlebten, denn die versteinerten Knochen zeigen Spuren eines Heilungsprozesses.

Der Geruch vom Blut und rohen Fleisch des toten *Anatotitan* liegt in der Luft, und der Wind trägt ihn bis in die weitere Umgebung: eine unwiderstehliche Einladung, die sofort ganze Schwärme blutsaugender Insekten anlockt – und einen zweiten hungrigen Tyrannosaurier.

Doch *Tyrannosaurus rex* ist nicht bereit, die Beute mit dem Neuankömmling zu teilen. Er stellt sich, seinen Besitz verteidigend, über den Körper des *Anatotitan* und beobachtet den sich nähernden Artgenossen. Er hebt den Kopf, fletscht die Zähne, bläht die Nasenlöcher auf und lässt ein ohrenbetäubendes Gebrüll hören.

Tyrannosaurus rex ist ein Tier mit Territorialverhalten; als sein Territorium betrachtet er das Gebiet, in dem er lebt, und alles, was darin ist. Eifersüchtig wacht er darüber und verteidigt es auch gegenüber Artgenossen, die als **Eindringlinge** auftauchen. Dann kommt es zur Konfrontation.

Territorium Gebiet, das von einem Tier oder einer Herde beansprucht und verteidigt wird, einschließlich der Futter- und Brutplätze dieser Tierart

Eindringling Bezeichnung für Menschen und Tiere, die ohne Erlaubnis des Besitzers in fremdes Territorium eindringen

Die Tyrannosaurier kommen aufeinander zu: Sie starren einander an – ihre Schnauzen berühren sich fast – und schlagen mit dem Schwanz aus. Was als **Pattsituation** beginnt – in der jeder versucht, sein Gegenüber durch sein Starren niederzuzwingen –, gerät in eine blutigere Phase, sobald einer den anderen mit der Schnauze stupst.

Beide schwenken die Köpfe seitwärts und suchen nach dem optimalen Winkel um den Kiefer des Gegenübers zu erwischen. Dann schnappt der erste Tyrannosaurier nach dem Oberkiefer seines Gegners und beißt fest zu. Er lässt nun nicht mehr los – obwohl ihm ein Zahn ausbricht.

Der Eindringling erkennt, dass er nicht gewinnen kann; um nicht weitere Verletzungen zu riskieren, hört er auf zu kämpfen und ergibt sich dem stärkeren Gegner; der lockert seinen Biss und lässt den Artgenossen frei. Dieser zieht sich mit gesenktem Kopf, dem Zeichen der Anerkennung der Niederlage, zurück; er wird anderswo nach Futter suchen müssen.

Der erste *Tyrannosaurus rex* hat den Wettstreit gewonnen – und kehrt zurück zu seinem Festmahl. Ein kleiner, pflanzenfressender *Leptoceratops* („Schlankes Horngesicht"), der den Kampf der Tyrannosaurier beobachtet hat, huscht davon. Er will keinesfalls das nächste Opfer des hungrigen Gewinners werden.

Pattsituation Stillstand zwischen zwei Gegnern oder Blockade, ohne dass eine Klärung oder Vereinbarung herbeigeführt werden kann

KANIVORENVERZEICHNIS

Paläontologen bezeichnen alle fleischfressenden Dinosaurier als Theropoden. Der bekannteste dieser Bipeden („Zweibeiner“) mit einem vogelähnlichen Körper, scharfen Zähnen und Krallen sowie einem langen Schwanz ist *T. rex*. Theropoden gab es in allen möglichen Größen. Sie blieben Jahrmillionen lang die größten Raubtiere, Jäger oder Aasfresser der Welt. Ihre versteinerten Überreste wurden in allen Teilen der Erde gefunden.

DILOPHOSAURUS (Doppelkammechse)

Der größte Fleischfresser des Unterjura war wahrscheinlich ein schneller und beweglicher Jäger. Er trug einen knochigen Doppelkamm auf dem Kopf, dessen Farbe während der Paarungszeit möglicherweise wechselte, um einen Partner anzulocken.

Name	„Doppelkammechse“
Zeit	Unterjura (vor 190 Mio. Jahren)
Size	6 m lang
Fundorte	Nordamerika, China
Habitat	Busch- und Waldgeb.
Nahrung	Kleintiere, Fisch

***ALLOSAURUS* (Anderechse)**

Die Zähne des ältesten Riesen-Fleischfressers waren wie ein Fleischmesser geriffelt; damit schnitt er durch das Fleisch, während seine kräftigen Krallen die Beute festhielten. Gefundene Fußspuren zeigen, dass er in Rudeln jagte.

Name	„Anderechse“
Zeit	Oberjura (vor 150 Mio. Jahren)
Größe	12 m lang
Fundorte	Nordamerika
Habitat	Offenes Gelände
Nahrung	Herbivoren

Allosaurus-Schädel

***COELOPHYSIS* (Hohlform)**

Einer der frühesten Fleischfresser, wahrscheinlich ein Rudeltier, jagte Kleintiere in Gruppen. Auch war er Kannibale: In der Magengegend versteinerter *Coelophysis* wurden zerkleinerte Knochen von Artgenossen gefunden.

Name	„Hohlform“
Zeit	Obertrias (vor 220 Mio. Jahren)
Size	3 m lang
Fundorte	Nordamerika
Habitat	Steppen
Nahrung	Echsen, Fisch

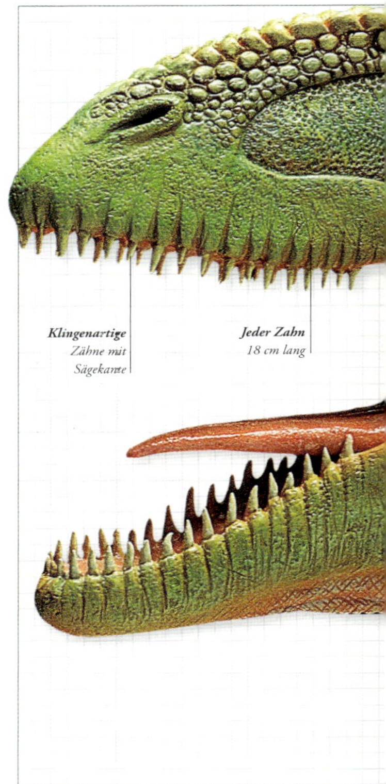

***COMPSOGNATHUS* (Zartkiefer)**

Einer der kleinsten Dinosaurier; nicht größer als eine Katze. Sein kompakter Körper und die schlanken Beine zeigen, dass er ein prädestinierter Läufer war. Seine Kiefer waren mit scharfen Zähnen bestückt; er jagte wahrscheinlich kleine Echsen und große Insekten.

Name	„Zartkiefer“
Zeit	Oberjura (vor 145 Mio. Jahren)
Größe	1 m lang
Fundorte	Europa
Habitat	Steppen
Nahrung	Echsen

Megalosaurus-Unterkieferknochen

MEGALOSAURUS (Großechse)

Der erste, 1824 benannte Dinosaurier wurde mit mithilfe nur weniger Fossilien rekonstruiert – einem Kieferknochen sowie einigen Bein- und Rückenknochen. Größe und Aussehen wurden seither durch vollständigere Funde bestätigt.

Name	„Großechse"
Zeit	Mitteljura (vor 170 Mio. Jahren)
Größe	9 m lang
Fundorte	Europa
Habitat	Offene Waldgebiete
Nahrung	Herbivoren

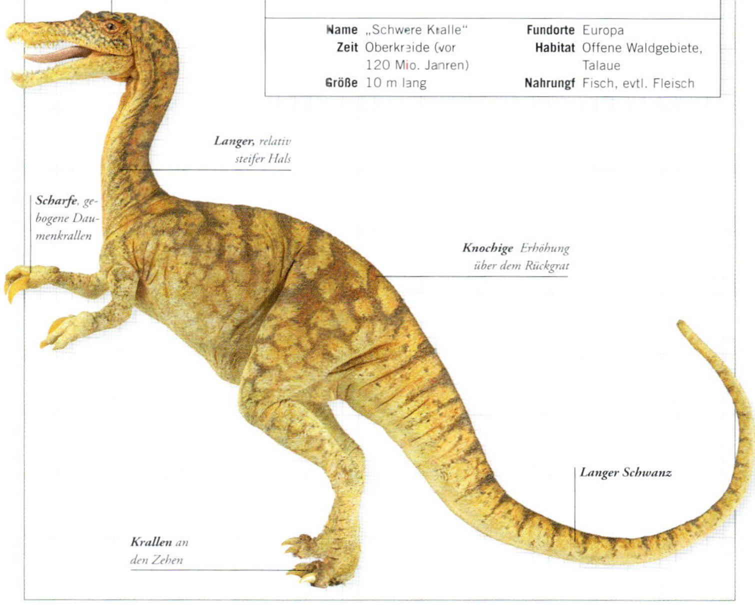

BARYONYX (Schwere Kralle)

Der nach seiner schweren, 30 cm langen gebogenen Daumenkralle benannte Dinosaurier fraß wahrscheinlich Fische und vielleicht ab und zu Fleisch; Paläontologen fanden im Brustkorb eines Fossils teilweise verdaute Fischgräten. In seichten Gewässern wird er mit seinen Krallen Fische gefangen haben – so wie Bären Lachse fangen – oder auch mit seinem langen, schmalen, krokodilähnlichen Maul.

Name	„Schwere Kralle"	**Fundorte**	Europa
Zeit	Oberkreide (vor 120 Mio. Jahren)	**Habitat**	Offene Waldgebiete, Talaue
Größe	10 m lang	**Nahrungf**	Fisch, evtl. Fleisch

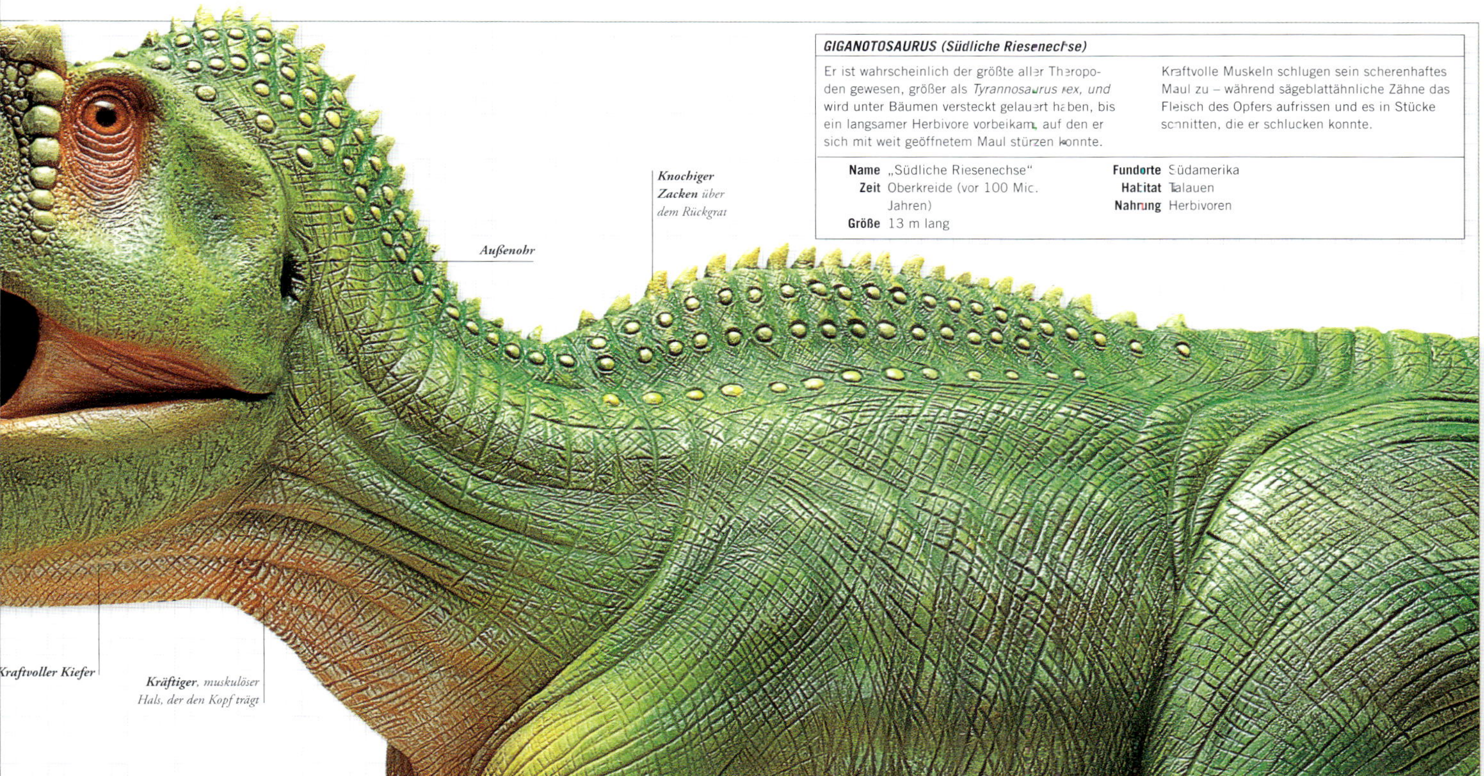

GIGANOTOSAURUS (Südliche Riesenechse)

Er ist wahrscheinlich der größte aller Theropoden gewesen, größer als *Tyrannosaurus rex,* und wird unter Bäumen versteckt gelauert haben, bis ein langsamer Herbivore vorbeikam, auf den er sich mit weit geöffnetem Maul stürzen konnte.

Kraftvolle Muskeln schlugen sein scherenhaftes Maul zu – während sägeblattähnliche Zähne das Fleisch des Opfers aufrissen und es in Stücke schnitten, die er schlucken konnte.

Name	„Südliche Riesenechse"	**Fundorte**	Südamerika
Zeit	Oberkreide (vor 100 Mio. Jahren)	**Habitat**	Talauen
Größe	13 m lang	**Nahrung**	Herbivoren

ICH WAR DABEI …

METEORITEN-EINSCHLAG

WIE EIN GIGANTISCHER STEIN DAS MASSENSTERBEN VERURSACHTE

Vor 65 Millionen Jahren starben die Dinosaurier aus. Warum? Dutzende von Theorien wurden entwickelt, die ihre Auslöschung erklären sollten; seit 1980 wird eine davon ernsthafter als alle anderen verfolgt: Ein Meteorit, ein riesiger Gesteinsbrocken aus dem All, kann auf der Erde eingeschlagen sein und damit dramatische Klimaveränderungen verursacht haben – und das Massensterben der Dinosaurier. Doch diesen Gedanken zu vertreten, war eine Sache; ihn zu beweisen eine weitaus schwierigere.

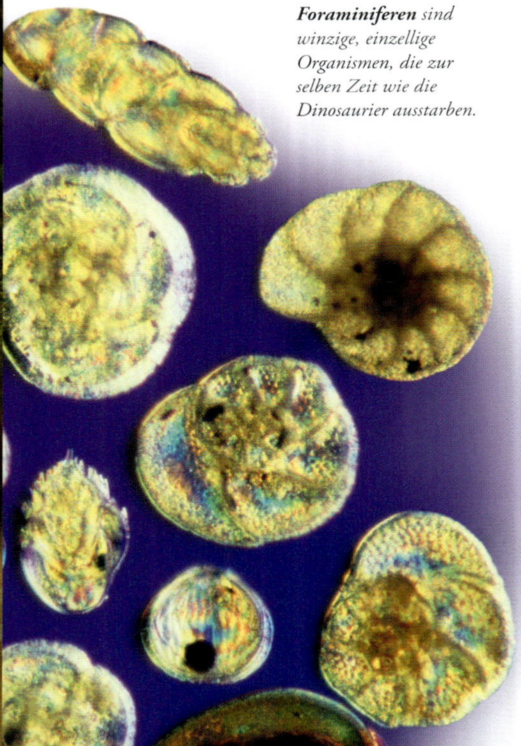

***Foraminiferen** sind winzige, einzellige Organismen, die zur selben Zeit wie die Dinosaurier ausstarben.*

Fossilienuntersuchung

Die Theorie eines Meteoriteneinschlags wurde erstmals im Jahre 1980 von Dr. Walter Alvarez geäußert – einem Geologen der amerikanischen Universität von Kalifornien. Er arbeitete zu der Zeit in Gubbio, Mittelitalien, wo er in Kalksteinformationen mikroskopisch kleine Fossilien sammelte – sogenannte Foraminiferen (einzellige Lebewesen, auch Kammerlinge genannt). Kalkstein besteht aus versteinerten Schalen toter Meerestiere, die sich in ufernahen Meeresgewässern am Boden ablagern. Indem sich über Millionen von Jahren unzählige solcher Ablagerungen übereinanderschichteten, wurde das Wasser vollständig herausgepresst, sodass sie sich zu festem Schichtgestein verbanden – zu massivem Kalkstein oder zu Kreide (weicher Kalkstein). Zahlreiche der urspünglichen Muscheln waren in dieses Gestein eingeschlossen, und während Alvarez diese versteinerten Foraminiferen untersuchte, machte er eine unerwartete Entdeckung.

Die Kreide-Tertiär-Grenze

Alvarez fand in Gubbio zwei verschieden alte Gesteinsarten. Die älteste stammte aus der Kreidezeit, als Dinosaurier noch die Erde durchstreiften; das jüngste Gestein datierte aus dem Tertiär, nachdem die Dinosaurier bereits ausgestorben waren. Zwischen beiden Gesteinsschichten verlief ein schmales Band Lehmschicht. Diese bezeichnet die Wissenschaft heute als K-T-Grenze: Sie markiert das Ende der Kreide und den Beginn des Tertiärs (geol. Erdneuzeit, vor 65–2 Mio. Jahren). Alvarez fand sowohl in Kreide- als auch in Tertiär-Steinschichten zahlreiche Foraminiferen, jedoch nur auffallend wenige in der Lehmschicht, die sich dazwischen gebildet hatte. Er fragte sich daher, was das nahezu vollständige Verschwinden der Einzeller am Ende der Kreidperiode bewirkt haben konnte. War dieselbe zerstörerische Kraft auch für das Aussterben der Dinosaurier verantwortlich? Und Alvarez fragte sich, ob die Antwort auf diese Fragen in der geheimnisvollen Zwischenschicht aus Lehm zu finden sei.

***Eine Münze zeigt,** wie schmal die K-T-Lehmschicht ist, die im Kalkgestein die Grenze zwischen Kreide und Tertiär markiert. Der Lehm enthält Iridium – ein Metall, das in Meteoriten vorkommt.*

Das Geheimnis im Lehm

Im Labor ging Walter Alvarez zusammen mit seinem Vater Luis Alvarez der Frage nach, wie lang die Lehmschicht in Gubbio gebraucht hatte sich zu bilden – zehn, Tausende oder gar Millionen von Jahren? Dabei würden sie auch erfahren, wie lang der Prozess des Aussterbens der Foraminiferen zum Ende der Kreide gedauert hatte. Da ihr Massensterben mit dem der Dinosaurier zusammenfiel, würde man anschließend auch wissen, ob die Dinosaurier langsam, über einen langen Zeitraum hinweg, ausstarben oder vielmehr plötzlich, im Laufe nur kurzer Zeit.

Theorie zum Dinosauriersterben

Name	Luis Alvarez Walter Alvarez
Geboren	1911 1940
Gestorben	1988 --
Beruf	Physiker Geologe
Berühmte tem **Entdeckung**	Die Lehmschicht an der K-T-Grenze wies einen erhöhtem Iridiumgehalt auf. Die Extramenge Iridium rührt – so die Vermutung der beiden Wissenschaftler – von einem Meteoriteneinschlag auf der Erde her; die Forscher folgerten daraus, dass dies das Aussterben der Dinosaurier erklären könnte.

Metalldetektor

Um der Antwort näher zu kommen, stellte der Physiker Luis Alvarez Messungen zum Iridiumgehalt in der Lehmschicht von Gubbio an. Das seltene Metall stammt aus kosmischem Staub, der in einer bestimmten Menge permanent auf die Erde fällt. Wenn er wusste, wieviel Iridium sich in der Lehmschicht befand, konnte er daraus folgern, wie lang es gedauert haben muss, sie zu bilden. Er entdeckte eine weit größere Menge, als er erwartet hatte. Daraufhin untersuchten Luis und Walter die Iridiummengen im Kalkgestein über und unter der Lehmschicht: Hier waren die Metallmengen jedoch normal. Also gab es nur eine Erklärung für die auffällige Anomalie: Ein außerirdisches Objekt muss die Extraportion Iridium auf der Erdoberfläche hinterlassen haben.

Der Meteoriteneinschlag

1980 veröffentlichten Luis und Walter Alvarez ihre Entdeckungen und schlussfolgerten, dass dieses Iridium von einem riesigen Meteoriten stammen musste, der beim Einschlag in die Erde verdampfte und dabei Iridium in die Atmosphäre entließ, das sich anschließend auf der ganzen Welt ablagerte. Walter hatte in Italien ungewöhnlich hohe Mengen des Metalls gefunden; andere Forscher fanden es an anderen Orten. Um ihre Theorie zu untermauern, mussten sie einen Einschlagkrater der angenommenen Größe sowie des vermuteten Alters finden.

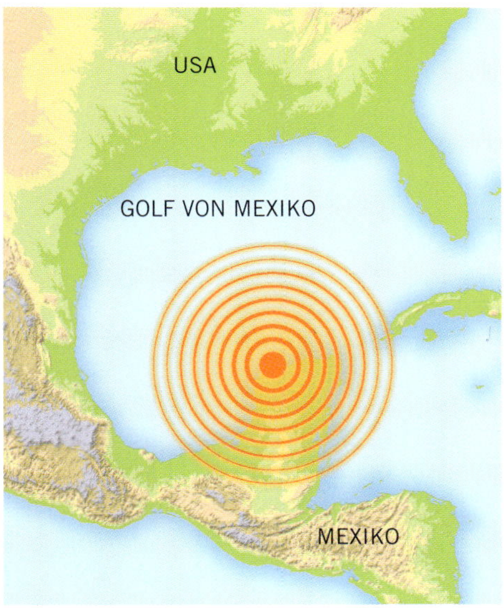

Der Einschlagkrater von Chicxulub *(auf der Halbinsel Yucatán in Mexiko) wurde von einem Meteoriten mit 10-14 km Durchmesser verursacht, der vor rund 65 Mio. Jahren auf die Erde traf.*

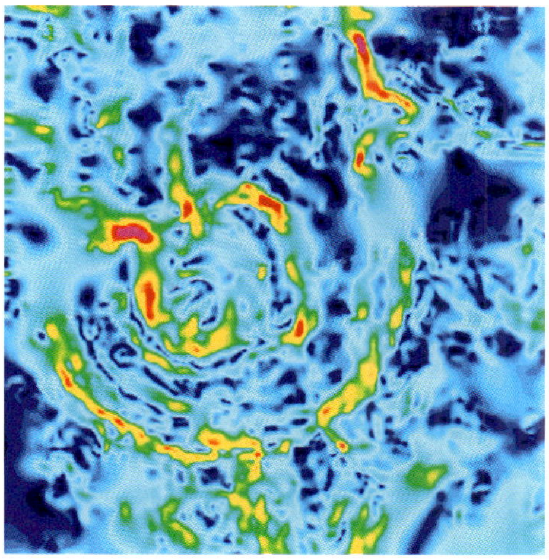

Die Gravitationskarte *lässt den Radius des Chicxulub-Kraters erkennen; der äußere, grün, gelb und rot markierte Halbkreis zeigt den Kraterrand an Land.*

Die Entdeckung des Kraters

Zwei Jahre zuvor – 1978 – untersuchte der Geophysiker Glen Penfield im Auftrag einer Ölgesellschaft vor der Halbinsel Yucatán den Golf von Mexiko und entdeckte bei der Aufzeichnung seiner Daten tief unter Wasser einen bogenförmigen Krater. Fasziniert verglich Penfield eine frühere Gravitationskarte mit den eigenen Aufzeichnungen und stellte fest, dass der Bogen Teil eines riesigen Kreises von 180 km Durchmesser war, dessen Epizentrum in einem Dorf mit Namen Chicxulub lag. Penfield erkannte den Kreis als Randzone eines gigantischen Kraters, der bei einem Meteoriteneinschlag auf der Erde entstanden sein musste. 1981 veröffentlichte er seinen Bericht, der jedoch zunächst nur wenig Aufmerksamkeit erregte. Es dauerte weitere zehn Jahre, bis ein anderer Wissenschaftler, Alan Hildebrand von der Universität von Arizona, darauf aufbauend glasartige Fragmente und eine hohe Konzentration von Iridium auf der karibischen Insel Haiti feststellte; beides musste von einem uralten Meteoriteneinschlag in der Region herrühren. Als ihm ein Journalist von der Entdeckung des Chicxulub-Kraters berichtete, wurde ihm klar, dass er die Quelle für seine Beobachtungen gefunden hatte: Das Iridium in Chicxulub datierte aus der Zeit vor 65 Millionen Jahren und konnte nun mit Alvarez' Iridiumfund in Gubbio in Verbindung gebracht werden.

Tod aus dem Universum

Der Chicxulub-Krater bewies, dass ein riesiger Meteorit vor 65 Millionen Jahren mit der Erde kollidiert war und eine Zerstörung globalen Ausmaßes verursacht hatte. Erdbeben und Tsunamis müssen die Folge gewesen sein – sowie eine riesige Menge Staub, die in die Atmosphäre geschleudert wurde. Als der Staub zurück auf die Erde fiel, müssen die Temperaturen auf dem gesamten Planeten gefallen und das Sonnenlicht spürbar weniger geworden sein. Ohne Wärme und ausreichend Sonnenlicht aber mussten, wahrscheinlich im Lauf nur weniger Wochen, rund 85 % aller Pflanzen und Tiere sterben – von einzelligen Foraminiferen bis hin zu Dinosauriern.

Die Badlands *in Alberta, Kanada, sind eines der Gebiete auf der Erde, in denen die K-T-Grenze durch Erosion freigelegt wurde.*

AUSSTERBEN

Zum Ende der Kreide bekam die Erde Besuch aus dem All. Ein **Meteorit** – ein riesiger Gesteinsbrocken – nahte ohne Vorwarnung heran, raste in den Planeten und verursachte eine weltweite Katastrophe. Dieses Erreignis hatte das **Aussterben** von etwa der Hälfte aller Tier- und Pflanzenarten zur Folge. Schon früher hatte die Erde unter Ereignissen gelitten, die zu Massenaussterben führten – etwa zum Ende des Perm (vor 251 Mio. Jahren), als zahlreiche Meerestiere und Reptilien ausstarben. Doch diesmal veränderte der Einschlag das Leben auf der Erde vollkommen. Das Ereignis zerstörte die Welt der Dinosaurier; nachdem sie mehr als 185 Millionen Jahre lang geherrscht hatten, verschwanden sie und überließen anderen Tieren den Planeten.

Die Gewalt des Aufpralls ist so groß wie bei einer Explosion von 100 Millionen **Megatonnen** Sprengstoff. Ein Krater mit einem Durchmesser von rund 180 km und 15 km Tiefe wird in die Erdkruste geschlagen. An seinen Rändern entstehen ringförmige Gebirgszüge.

Der abstürzende Meteorit schlägt in einem Winkel von 45 Grad auf der Erde auf und stürzt in seichte Meeresgewässer. Der Ort des Einschlags: die Küstenzone entlang der Korallenriffe im heutigen Golf von Mexiko, zwischen den Kontinenten Nord- und Südamerika.

Als der Meteorit in die Erdatmosphäre eintritt, bekommt seine Oberfläche die Auswirkung der **Reibung** zu spüren. Sie heizt sich auf, und Massestücke brechen ab; doch das alles vermag den felshaften Eindringling nicht zu zerstören. Noch immer misst er im Durchmesser mindestens 10 km.

Aus der Tiefe des Alls rast – mit einer Geschwindigkeit von bis zu 100 000 km/h – ein Meteorit, ein massiver Brocken aus Stein oder Metall, auf die Erde zu. Er ist auf Kollisionskurs, und nichts kann ihn aus seiner Bahn werfen oder die bevorstehende Katastrophe auf der Erde verhindern.

Meteorit Ein kosmischer Gesteins- oder Metallbrocken, meist von die Sonne umkreisenden größeren Asteroiden stammend, der auf der Erde aufschlägt

Aussterben Langsames oder plötzliches Verschwinden einer Pflanzen- oder Tierart, die danach nirgendwo auf der Erde mehr vorkommt

Reibung Wenn Objekte oder Oberflächen aneinanderreiben, entsteht Hitze.

In Sekunden verdampfen durch die gewaltige Hitze Milliarden Tonnen von Gestein, Staub und Wasser und schießen bis zu 50 km hoch in die Luft. Aus dem Innern des Kraters werden Gesteinsbrocken emporgeschleudert, die Hunderte von Kilometern entfernt zurück auf die Erde krachen.

HINWEISE AUF EINEN METEORITEN

Vieles spricht für einen Meteoriteneinschlag. So wurde ein erhöhtes Vorkommen des seltenen **Iridiums** – das meist durch Meteoriten auf die Erde gebracht wird – an mehr als 150 Orten nachgewiesen. In einigen finden sich gebrochene Quarzeinschlüsse, die von Einschlägen herrühren, sowie manchmal winzige gläserne Bereiche: das Resultat von in extremer Hitze geschmolzenem Stein. Und dann ist da der riesige Krater, der sich über die Halbinsel Yucatán und den Golf von Mexiko erstreckt und auf die Zeit vor rund 65 Mio. Jahren zurückdatiert wird.

METEORITENKRATER, IN ARIZONA, USA

Der Krater, verursacht durch einen Meteoriten, ist 200 mal kleiner als der in Yukatán.

Eine daraus resultierende Druckwelle erzeugt Winde – stärker als der gewaltigste Hurrikan –, die Bäume und ganze Wälder dem Erdboden gleichmachen und gewaltige Erdbeben verursachen, die das Land erschüttern. Ein Feuerball schleudert seine Flammen in den Himmel und entzündet die Vegetation.

Das donnernde Getöse dieser Megaexplosion ist weit und breit zu hören. Der Himmel verdunkelt sich vor Staub, und die Erschütterungen setzen riesige Wassermengen in Bewegung. Am Einschlagsort erheben sich gigantische Flutwellen und rasen in enormer Geschwindigkeit auf die Landmassen zu.

Megatonne Einheit, die der Sprengkraft von einer Million Tonnen Sprengstoff entspricht

Iridium Auf der Erde selten, aber in Asteroiden, Meteoriten sowie in kosmischem Staub häufig vorkommendes Metall

Tsunamis Riesige Meereswellen, die durch unterseeische Erdbeben und Vulkane oder auch durch massive Erdrutsche enstehen

TOD DER DINOSAURIER

Zur Zeit des Meteoriteneinschlags fanden noch andere Umweltveränderungen statt. Eine erhöhte Vulkantätigkeit – mit besonders großen Ausbrüchen in Indien – belastete die Atmosphäre mit großen Mengen von Staubpartikeln, die es zusätzlich erschwerten, dass Sonnenlicht und Wärme auf die Erde drangen. Zudem füllte sich die Luft mit giftigen Schwefelschwaden. Immense Klimaveränderungen fanden statt, und die Erde wurde immer kälter. Zunächst hielt man allein diese Ereignisse für den Auslöser des Dinosauriersterbens; heute indes sind sich Wissenschaftler einig: Die Hauptursache dafür war der Meteoriteneinschlag.

KLIMAWANDEL

Das Klima auf der Erde verändert sich permanent. Eine Veränderung globalen Ausmaßes aber, so glauben Wissenschaftler, ereignete sich zum Ende der Kreide. Zuvor war es überall auf dem Planeten warm und subtropisch; nun wurde das Klima kälter und zunehmend wechselhaft. Die, die sich nicht anpassen konnten, starben aus.

VULKANAUSBRÜCHE

Ein Riesenvulkan brach aus – vielleicht war es auch eine Serie von Vulkanausbrüchen; Hinweise deuten in jedem Fall auf erhöhte Vulkantätigkeit zu der Zeit. Die Deccan Traps in Westindien etwa bestehen aus steilen Stufen erstarrter Lava, die vor rund 65 Millionen Jahren entstanden.

Gase Sie entstehen beim Verbrennungsprozess oder durch Zersetzung von Pflanzen und Tieren.

Saurer Regen Leicht saurer und Chemikalien enthaltender Regen, der den Boden belastet und zum Absterben von Pflanzen und Bäumen führt

Der Boden wird sumpfig, Bäche verwandeln sich in Flüsse – und Tiere, die sich nicht in Sicherheit gebracht haben, werden Opfer der großen Flut, die das Land überschwemmt. Der von Hunger geschwächte *Tyrannosaurus rex* stolpert und fällt in den Fluss.

Um sich aus den Fluten zu retten, strampelt *Tyrannosaurus rex* mit den Beinen, schlägt mit dem Schwanz aus und reißt das Maul weit auf. Doch in dem ohrenbetäubenden Getöse bleibt seine Verzweifelung ungehört; die verseuchten und giftigen Wassermassen reißen das riesige Tier mit sich.

Weit vom Meteoriten-Einschlagsort entfernt wandert ein einsamer *Tyrannosaurus rex* durch die zerstörte Landschaft. Das Wasserbecken, an dem er einst seiner Beute auflauerte, ist mit einer giftigen Flüssigkeit überzogen. Schwarzer Regen fällt vom Himmel – jeder Tropfen schwer von Explosionsstaub.

VOM KNOCHEN ZUM STEIN

Der natürliche Prozess der Erhaltung und Konservierung von Tier- und Pflanzenüberresten wird Fossilisation genannt. Bis ein Fossil entsteht, vergehen Tausende von Jahren; die Überreste eines Lebewesens werden zu Stein. Die meisten Dinosaurierfossilien sind das Resultat einer sog. **Permineralisation**. Dabei durchdringen **Mineralien** im Wasser Knochen, Zähne und Krallen. Im Wasser lösen sich die organischen Reste auf und sickern in den Boden. Zurück bleibt ein Hohlraum in Dinosauriergestalt, der im Laufe der Zeit mit **Sediment** gefüllt wird, das versteinert. Dies ergibt einen **fossilen Abdruck**.

***Archaeopteryx*-Fossil**

Permineralisation Prozess, in dem Mineralien harte Körpeteile – wie Knochen, Zähne, Nägel – durchdringen

Mineralien Weder pflanzliche noch tierische Substanzen im Erdboden, z. B. Stein oder Kohle

Sediment Ablagerungen aus feinsten Partikeln wie Sand und Schlamm, die vom Wasser transportiert werden

Die düstere Wasseroberfläche gibt kein Zeichen von *Tyrannosaurus rex* preis; sein Körper sinkt in das dunkle, kalte Wasser und auf das Flussbett hinab. Strömungen führen den leblosen Körper mit sich und schleudern ihn gegen die Felsen; dabei brechen seine Knochen, und Haut und Fleisch reißen auf.

Wo die Wogen sich glätten, kommt auch der riesige Tierkörper, eingeklemmt zwischen Felsen, zur Ruhe. Der Fluss lagert immer mehr Bodensatz auf dem Tyrannosaurier ab, der schon bald nicht mehr zu sehen ist und unter Schichten aus feinem Schlick und Schlamm begraben wird.

Wie ein Klotz wird der Tyrannosaurier herumgeschleudert und von dem rasenden Fluss bezwungen. Doch der Tod ist nicht das Ende seiner Geschichte. Millionen Jahre später werden Experten seine versteinerten Knochen finden und die Geschichte seines Lebens Stück für Stück rekonstruieren.

Wie ein schützenden Tuch hüllen die Ablagerungen den Tyrannosaurier ein und halten ihn über die Jahre hinweg fest zusammen. So bleibt die Körperform des Dinosauriers erhalten, und Assfresser können den zerbrechlichen **Kadaver** nicht beschädigen. Der Prozess der Versteinerung beginnt.

Fossiler Abdruck Die genaue Kopie einer Pflanze oder eines Tieres, die durch ausgehärtete Mineralien entsteht

Kadaver Körper eines toten Tieres

Als Erstes verwandeln sich die Weichteile des Dinsoauriers: **Mikroorganismen** befallen Fleisch und Muskeln, die faulen und zerfallen – und das Skelett freilegen; dieses wird zum Fossil. Oberhalb der Knochen verändert sich langsam auch das Flussbett.

Jahrhunderte vergehen. Das Skelett liegt unter stetig wachsenden Sedimentschichten, welche die Knochen zusammendrücken und so die Gestalt deformieren. Ganz langsam lösen sich auch die Knochen im Wasser auf; an ihrer Stelle lagern sich mineralreiche Sedimente ab.

Im Berginnern bleibt das Tyrannosaurierfossil in einem engen Felseinschluss sicher verpackt. Die Ablagerungen an den Stellen der einstigen Knochen sind inzwischen ausgehärtet. Sie bilden nun einen genauen Abdruck – eine perfekte Kopie – des ursprünglichen Körpers.

Heute stehen dort, wo einst Flüsse lagen, Berge. Sie wurden durch die Bewegung der **Kontinentalplatten** aufgeworfen, die Schritt für Schritt die Oberfläche der Planeten veränderte. Wo Landplatten zusammenstoßen, werden zerklüftete Berge gen Himmel geschoben.

Mikroorganismen Winzige, für das menschliche Auge nicht sichtbare Tiere, z. B. Bakterien

Kontinentalplatten Einzelne Stücke der Erdkruste (Lithosphärenplatten), die die Meere und das Festland tragen

MODELLIERUNG DER ERDE

Erosion kann plötzlich stattfinden – etwa durch einen Sturm, der den Küstensand davonträgt, oder durch stetige Wettereinwirkung über Tausende von Jahren hinweg. Das Wasser der Meere, Flüsse und Regengüsse überspült die Küste und das Land und verändert deren Gestalt, indem es feste Stoffe mit sich reißt. Gletscher schieben sich Berghänge hinab und schleifen Trogtäler in die Landschaft. Starke Winde lösen abgeschürftes Gesteinsmaterial aus und schleudern es gegen Felswände, was zu Felsabrieb führt.

Durch Eis verursachte Gletscherspalten – Tellot-Gletscher, Kanada

Paläontologen untersuchen das Areal am Fuß einer Felsen-**klippe**, und ihre Expertenaugen erkennen im Nu die Knochen eines riesigen Theropoden. Sie hoffen auf einen *Tyrannosaurus rex* – das wäre ihr Fund des Lebens!

Die Naturgewalten tragen an den Bergen die einstigen Flusssedimente ab – und uralte Felsen geben ihre Geheimnisse frei. An Ort und Stelle sind daher Fossilien vollständig zu bergen. Doch hält der Erosionsprozess an, rutschen sie bergab und verstreuen sich.

Nichts bleibt ewig – nicht einmal Berge. Wasser, Wind und Eis tragen das Ihre dazu bei, Felskanten und -spitzen abzuschleifen. Dieser unentwegte Prozess der **Erosion** verändert das Gesicht der Landschaft permanent.

Erosion Das Abtragen der Landschaftsoberfläche, verursacht durch Naturgewalten

Klippe Steiles Flussufer oder Kliff

Die Ausgrabung eines großen Dinosaurierfossils erfolgt langsam und ist mühsam. Könnte Barnum Brown – der Ausgräber und Entdecker des ersten *Tyrannosaurus rex* im Jahre 1902 – Paläontologen heute bei der Arbeit zusehen, würde er zwar einige ihrer Techniken und Werkzeuge wiedererkennen, über manches aber gewiss auch staunen. Moderne Ausgrabungen bedeuten: das Skelett und seine Umgebung genauestens zu untersuchen und sorgfältige Aufzeichnungen zum Grabungsort und über sämtliche Hinweise auf das Leben des Dinosauriers anzulegen.

Ausgrabungswerkzeuge

Sobald der Abraum (die Menge an Gestein über dem Fund) entfernt ist, kommen Handwerkzeuge zum Einsatz, mit denen sich das Material rund um die Knochen abspalten, -schälen und -schaben lässt. Die abgeschlagenen Reste werden durchsiebt, um so kleine Fundstücke zu sichern, die sonst leicht verloren gingen.

Abgenutzte Werkzeuge

Schon nach wenigen Tagen sind Werkzeuge wie Meißel und Kellen durch die Arbeit am Gestein abgenutzt. Die Stahlklingen verlieren schnell ihre Spitzen und Kanten – sie sind dann unbrauchbar und müssen ersetzt werden.

Den Fundort lokalisieren

Der Grabungsort – auch Fundort genannt – wird mithilfe eines globalen Positionsbestimmungssystems (GPS) und eines Kompasses genauestens verzeichnet. Beide Geräte helfen Paläontologen, in größeren Gebieten eine Streuungskarte von Fossil-Fundorten anzulegen.

Den Fundort kartografieren

Ein Schnurgitter teilt den Fundort in kleine Rechtecke oder Quadrate ein. Anschließend fertigt der Bauzeichner eine akkurate Zeichnung des Fossils und seiner Lage im Boden an. Die Gitterrauten am Boden entsprechen exakt den Rauten auf seinem Papier.

Am Grabungsort

Bei einer Ausgrabung wirken viele Personen mit. An der Spitze steht der Grabungsleiter, meist ein Paläontologe oder Experte für Dinosaurierforschung einer Universität oder eines Museums; daneben setzt sich das Team aus Fotografen, Bauzeichnern, Landvermessern und Ausgräbern zusammen. Gemeinsam erstellen sie ein genaues Verzeichnis mit detaillierten Daten über den Grabungsort; sie werden später auf Hinweise über das Leben des Dinosauriers hin untersucht.

Grabungsort – Aufsicht

Erste Bleistiftzeichnungen werden später farbig nachgezogen. Jede fertige Einzelskizze wird mit Nachbarskizzen zusammengefügt, bis eine Aufsicht auf den gesamten Fundort zusammengestellt ist; sie zeigt die Gelenkverbindungen (Position) des Skeletts.

Gipshülle am Grabungsfeld

Sobald die Knochen abgezeichnet und fotografiert sind, werden sie eingegipst. Die Gipshülle schützt sie während der Aushebung – wenn sie aus dem Steinbett befreit werden – und auch auf dem Transport ins Museum oder ins Labor.

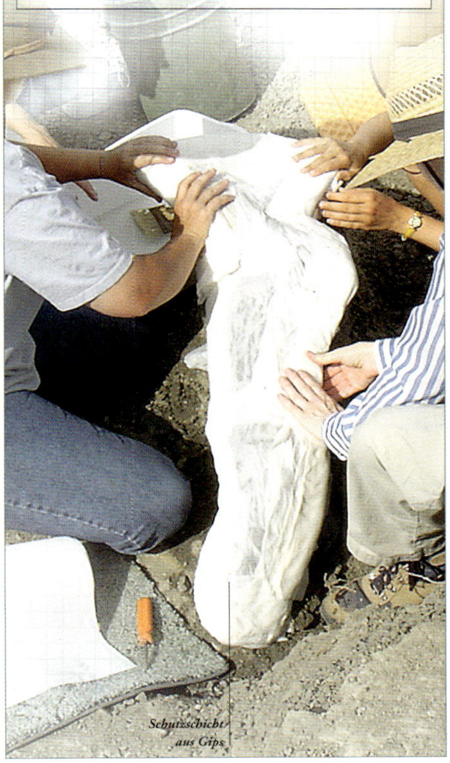

Wenn die massive Gesteinsabdeckung auswittert, kommt das fossile Skelett des *Tyrannosaurus rex* an die Oberfläche. Ein Team von Paläontologen führt die Ausgrabung durch, um seine Knochen zu bergen. So lange sie noch im Boden liegen, werden sie fotografiert und vermessen.

Die natürliche Bewegung des Bodens lässt im Verlauf von Jahrtausenden Gestein aufsteigen und abfallen, sich krümmen und in Falten legen; dabei reißen einzelne Gesteinsstufen ein und schieben sich übereinander. Wenn das passiert, kann ein versteinertes Skelett nur in **zerfallenem Zustand** geborgen werden.

Die meisten Knochen verbleiben in dem sie umgebenden Gesteinsblock und werden so vom **Grabungsort** zum Museum transportiert. Freigelegte und brüchige Fossilien werden mit Gips ummantelt und so geschützt und zusammengehalten.

WIEDERBELEBTER *T. REX*

Das versteinerte Skelett des *Tyrannosaurus rex* lag 65 Millionen Jahre lang in einem Schutzmantel aus massivem Stein begraben. Naturgewalten vergruben einst die Überreste des Dinosauriers – und es waren Kräfte der Natur, die eines Tages das so lang begrabene Fossil freigaben. Gletscher rieben die Erdoberfläche ab, und Flüsse durchschnitten die Landschaft. Zusammen schnitten sie tiefe Täler ins **Muttergestein**. Vom Wind zersprengt, vom Regen gepeitscht und durch Frost zerbrochen wurden aus einstigen Felsen Haufen von Sandkörnern. Dieses Skelett wäre durch den unaufhaltsamen Prozess der Erosion schließlich zerbröckelt und verstreut worden – doch Fossilienjäger entdeckten den Tyrannosaurier, und die Wissenschaft rettete ihn.

IM LABOR

Im Museumslabor steht den Präparatoren eine mühsame Arbeit bevor: Sie befreien das Fossil vom Gestein. Mit Sägen und Bohrern werden die großen Brocken entfernt; mithilfe von **Spezialwerkzeugen** lassen sich Gesteinsreste abbröckeln. Originale Dinosaurierfossilien werden nur selten ausgestellt, da sie viel zu wertvoll und zu fragil sind. Sie werden stattdessen in Magazinen gelagert und der Wissenschaft zur Verfügung gestellt.

Säubern eines *T.-rex*-Kieferknochens

Muttergestein Das massive Gestein unter der obersten lockeren Schicht aus Erde, Sand, Lehm, Geröll und Grus

Zerfallener Zustand Durcheinander geraten und nicht mehr in der ursprünglichen Position

Grabungsort Der Ort, an dem das Fossil entdeckt und aus der Erde ausgegraben wurde

Manchmal benötigen Museumspräparatoren Jahre dafür, das Gestein, das die Knochen umgibt, abzuschlagen. Ist das geschehen, werden die Knochen repariert und konserviert. Dann wird eine Kopie des Fossils angefertigt, und die einzelnen Teile werden auf ein **Gestell** aus Metall montiert, um es auszustellen.

An dem Tyrannosaurierskelett werden Abertausende von Messungen vorgenommen. Die Daten werden in ein Computerprogramm eingespeist, um ein dreidimensionales (3-D-) **Drahtgittermodell** zu erzeugen, das die wahrscheinliche Gesamtgestalt des Dinosauriers am Bildschirm zeigt.

Die wieder zusammengesetzten Knochen werden untersucht und verhelfen Paläontologen zu immer neuen Erkenntnissen über den Tyrannosaurier. Knocheneinbuchtungen etwa zeigen, wo Muskeln ansetzten; solche Informationen helfen, eine Vorstellung von seinem lebendigen Aussehen zu gewinnen.

Spezialwerkzeuge Vibrierende Handwerkzeuge, mit deren Hilfe sich kleinste Gesteinsmengen entfernen lassen, ohne Druck anzuwenden

Gestell Ein Stahlgerüst, das die Fossilteile trägt

Drahtgittermodell Ein Gitternetz, mit dessen Hilfe eine Konturenzeichnung eines Objekts angefertigt wird, um eine 3-D-Darstellung davon zu erhalten

Hautabdrücke In sumpfiger Umgebung von toten Dinosauriern hinterlassene Hautspuren, die aushärten und als Fossilien erhalten bleiben

Einige Wissenschaftler nehmen an, das einzelne Dinosaurierarten sich **entwickeln** konnten. Und heute ist man darüber einig, das sich unsere Vögel aus gefiederten Dinosauriern entwickelten. Fossilfunde zeigen, dass einige kleine Theropodenarten federartige Strukturen am Körper aufwiesen.

DINOSAURIER ALS VÖGEL

In den 1990er-Jahren entdeckten Paläontologen in China Fossilien, die eine Verwandtschaft zwischen Vögeln und Dinosauriern bestätigen. *Caudipteryx* („Schwanzfeder"), *Sinosauropteryx* („Chinesische Flügelechse") und *Mononykus* („Einzelkralle") – sie alle waren vogelgroße Theropoden, deren Skelett nahezu identisch mit dem von Vögeln ist.

Skelett eines Seeadlers

***Mononykus*-Skelett aus der Kreidezeit**

Doch was war mit großen Theropoden – hatten sie Federn? Ein frühes Mitglied der Tyrannosaurierfamilie, *Dilong paradoxus* („Paradoxer Kaiserdrachen"), trug – so fand man jüngst heraus – ein federartiges Kleid. Wenn du also demnächst einen fliegenden Vogel siehst, denke an den einstigen Jäger *Tyrannosaurus rex.*

Eine 3-D-Kulisse, welche die Landschaft der Oberkreide zeigt, wird durch Geräuscheffekte ergänzt, um den Schauplatz und die Szene zu ergänzen. Mithilfe des Computers rief so die moderne Wissenschaft *T. rex* mit Gebrüll zurück ins Leben – 65 Millionen Jahre, nachdem er ausgestorben war.

entwickeln Entstehen, sich verändern – allmählich, schrittweise, über viele Jahre hinweg

ATLAS DER FOSSILFUNDE

Fossilien von Dinosauriern und anderen prähistorischen Reptilien wurden in allen Kontinenten gefunden, sogar in der Antarktis. Beinahe 1000 verschiedene Arten wurden bisher identifiziert – wahrscheinlich nur ein Bruchteil der Vielzahl, die einst auf der Erde lebte. Einige wurden nach ihren Entdeckern benannt, andere nach dem Fundort; wiederum andere erhalten einen Namen, der ihre Gestalt beschreibt.

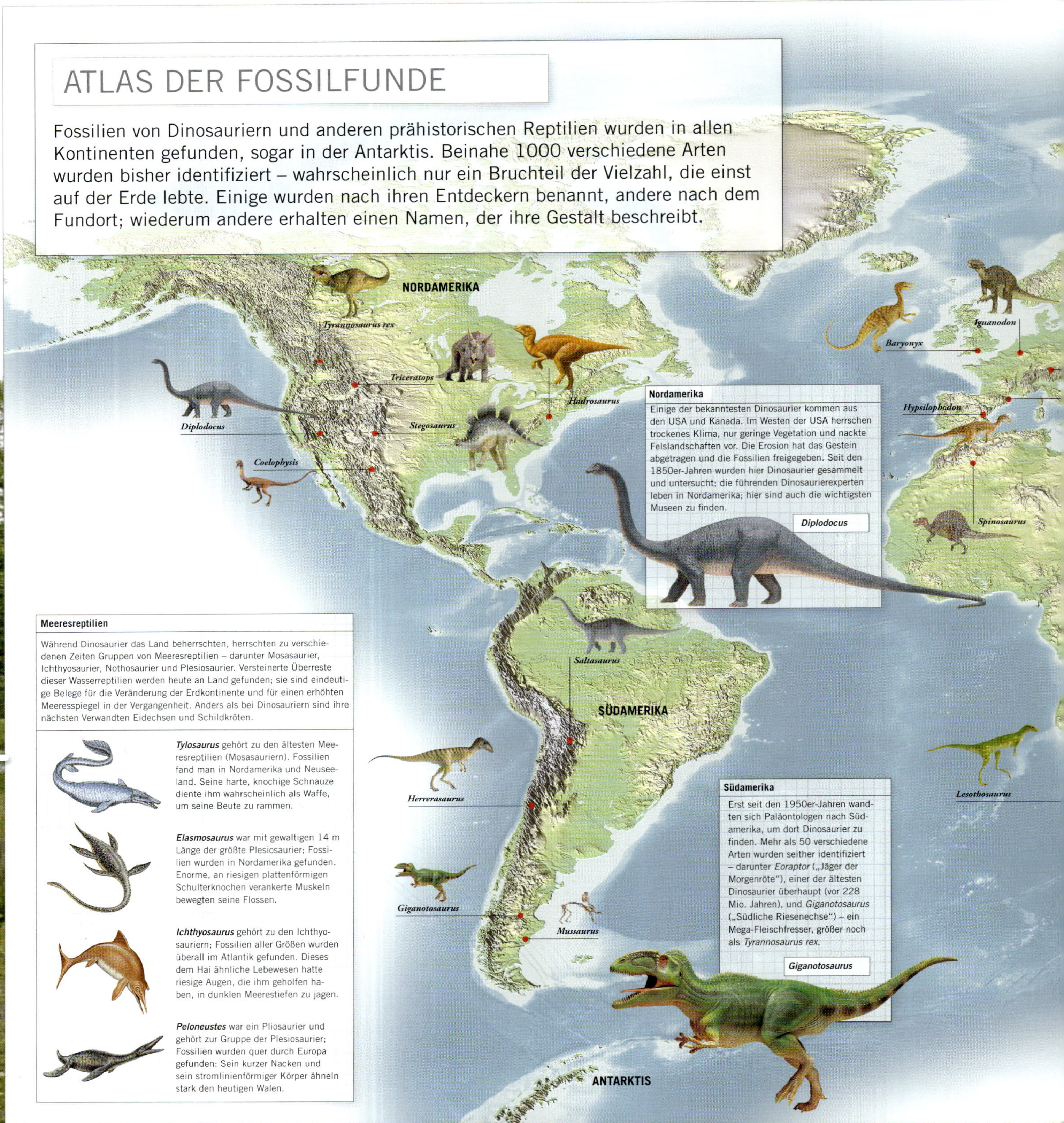

Nordamerika

Einige der bekanntesten Dinosaurier kommen aus den USA und Kanada. Im Westen der USA herrschen trockenes Klima, nur geringe Vegetation und nackte Felslandschaften vor. Die Erosion hat das Gestein abgetragen und die Fossilien freigegeben. Seit den 1850er-Jahren wurden hier Dinosaurier gesammelt und untersucht; die führenden Dinosaurierexperten leben in Nordamerika; hier sind auch die wichtigsten Museen zu finden.

Diplodocus

Südamerika

Erst seit den 1950er-Jahren wandten sich Paläontologen nach Südamerika, um dort Dinosaurier zu finden. Mehr als 50 verschiedene Arten wurden seither identifiziert – darunter *Eoraptor* („Jäger der Morgenröte"), einer der ältesten Dinosaurier überhaupt (vor 228 Mio. Jahren), und *Giganotosaurus* („Südliche Riesenechse") – ein Mega-Fleischfresser, größer noch als *Tyrannosaurus rex*.

Giganotosaurus

Meeresreptilien

Während Dinosaurier das Land beherrschten, herrschten zu verschiedenen Zeiten Gruppen von Meeresreptilien – darunter Mosasaurier, Ichthyosaurier, Nothosaurier und Plesiosaurier. Versteinerte Überreste dieser Wasserreptilien werden heute an Land gefunden; sie sind eindeutige Belege für die Veränderung der Erdkontinente und für einen erhöhten Meeresspiegel in der Vergangenheit. Anders als bei Dinosauriern sind ihre nächsten Verwandten Eidechsen und Schildkröten.

Tylosaurus gehört zu den ältesten Meeresreptilien (Mosasauriern). Fossilien fand man in Nordamerika und Neuseeland. Seine harte, knochige Schnauze diente ihm wahrscheinlich als Waffe, um seine Beute zu rammen.

Elasmosaurus war mit gewaltigen 14 m Länge der größte Plesiosaurier; Fossilien wurden in Nordamerika gefunden. Enorme, an riesigen plattenförmigen Schulterknochen verankerte Muskeln bewegten seine Flossen.

Ichthyosaurus gehört zu den Ichthyosauriern; Fossilien aller Größen wurden überall im Atlantik gefunden. Dieses dem Hai ähnliche Lebewesen hatte riesige Augen, die ihm geholfen haben, in dunklen Meerestiefen zu jagen.

Peloneustes war ein Pliosaurier und gehört zur Gruppe der Plesiosaurier; Fossilien wurden quer durch Europa gefunden: Sein kurzer Nacken und sein stromlinienförmiger Körper ähneln stark den heutigen Walen.

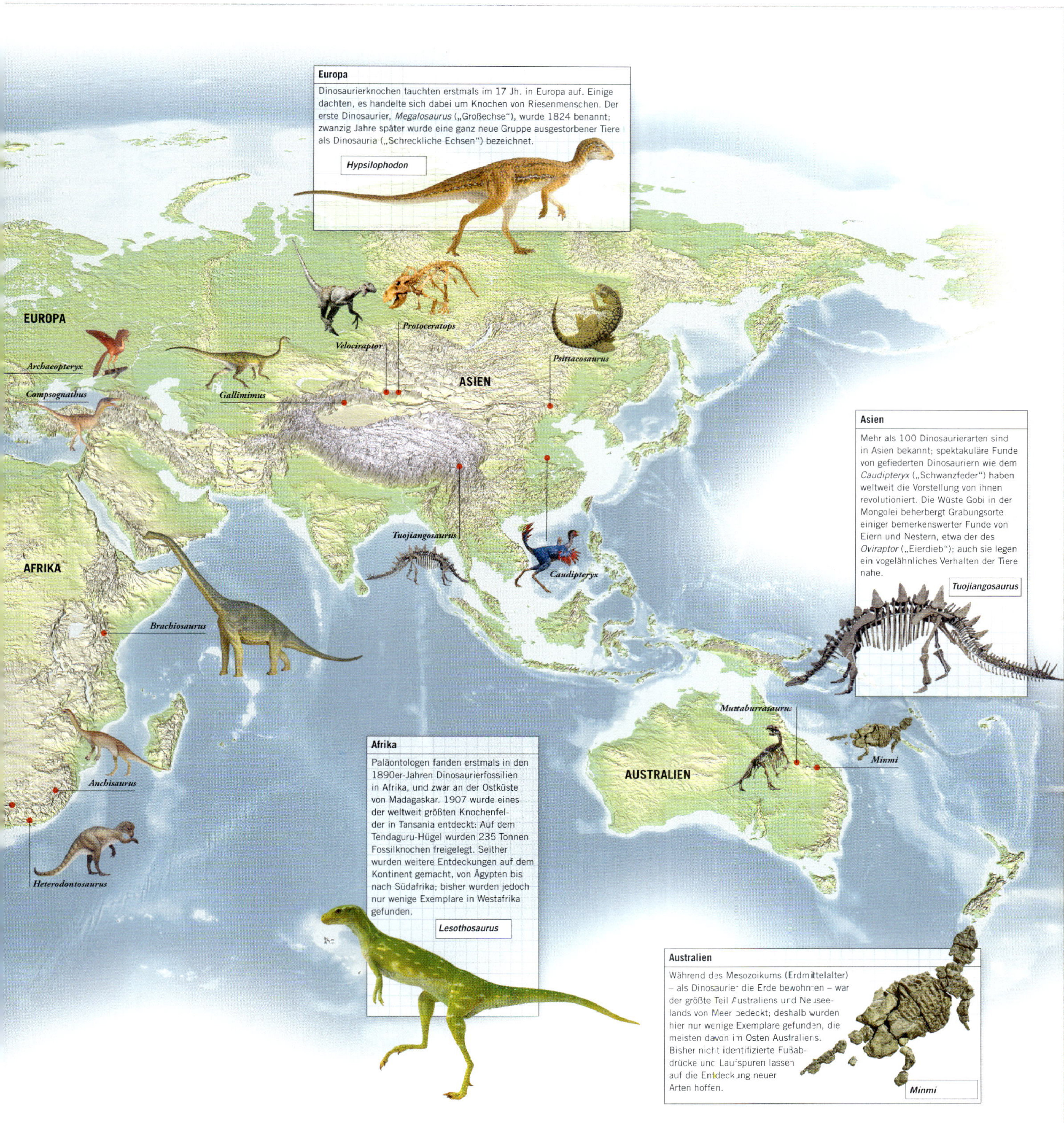

Europa

Dinosaurierknochen tauchten erstmals im 17. Jh. in Europa auf. Einige dachten, es handelte sich dabei um Knochen von Riesenmenschen. Der erste Dinosaurier, *Megalosaurus* („Großechse"), wurde 1824 benannt; zwanzig Jahre später wurde eine ganz neue Gruppe ausgestorbener Tiere als Dinosauria („Schreckliche Echsen") bezeichnet.

Asien

Mehr als 100 Dinosaurierarten sind in Asien bekannt; spektakuläre Funde von gefiederten Dinosauriern wie dem *Caudipteryx* („Schwanzfeder") haben weltweit die Vorstellung von ihnen revolutioniert. Die Wüste Gobi in der Mongolei beherbergt Grabungsorte einiger bemerkenswerter Funde von Eiern und Nestern, etwa der des *Oviraptor* („Eierdieb"); auch sie legen ein vogelähnliches Verhalten der Tiere nahe.

Afrika

Paläontologen fanden erstmals in den 1890er-Jahren Dinosaurierfossilien in Afrika, und zwar an der Ostküste von Madagaskar. 1907 wurde eines der weltweit größten Knochenfelder in Tansania entdeckt: Auf dem Tendaguru-Hügel wurden 235 Tonnen Fossilknochen freigelegt. Seither wurden weitere Entdeckungen auf dem Kontinent gemacht, von Ägypten bis nach Südafrika; bisher wurden jedoch nur wenige Exemplare in Westafrika gefunden.

Australien

Während des Mesozoikums (Erdmittelalter) – als Dinosaurier die Erde bewohnten – war der größte Teil Australiens und Neuseelands von Meer bedeckt; deshalb wurden hier nur wenige Exemplare gefunden, die meisten davon im Osten Australiens. Bisher nicht identifizierte Fußabdrücke und Laufspuren lassen auf die Entdeckung neuer Arten hoffen.

DINOSAURIER-KLASSIFIKATION

Der britische Zoologe und Anatom Sir Richard Owen kündigte 1842 erstmals die Existenz einer neuen Gruppe ausgestorbener Tiere an: der Dinosauria („Schreckliche Echsen“). Der britische Wissenschaftler Harry Seeley unterschied 1887 in dieser Gruppe deutlich zwei Arten; sein System hat bis heute Gültigkeit.

TRIAS (250–200 Mio. Jahren)

Mit der Trias beginnt die Dinosaurier-Ära, das Mesozoikum (Erdmittelalter). Die ersten Dinosaurier waren kleine Fleischfresser und riesige Pflanzenfresser, die auf zwei oder vier Beinen liefen. Fossilien dieser ersten Dinosaurier wurden überall auf der Welt gefunden.

Erdformation Die Erde besteht aus einem einzigen Kontinent: Pangäa
Klima Konstant warm
Pflanzen Nadelbäume, Palmfarne
Dinosaurier *Eoraptor, Plateosaurus*
Reptilien Pterosaurier, Ichthyosaurier

Vogelbecken-Saurier (Ornithischia)

Dinosaurier dieser Gruppe haben heutigen Vögeln ähnliche Hüftknochen: Beide Beckenknochen weisen nach hinten. Trotz des Namens besteht jedoch keine nähere Verwandschaft zwischen beiden.

Echsenbecken-Saurier(Saurischia)

Dinosaurier dieser Gruppe haben Hüftknochen, die denen heutiger Eidechsen ähneln: Ein Knochen (Pubis) weist nach vorn, der andere (Ischium) nach hinten. Vögel entwickelten sich aus kleinen gefiederten Theropoden.

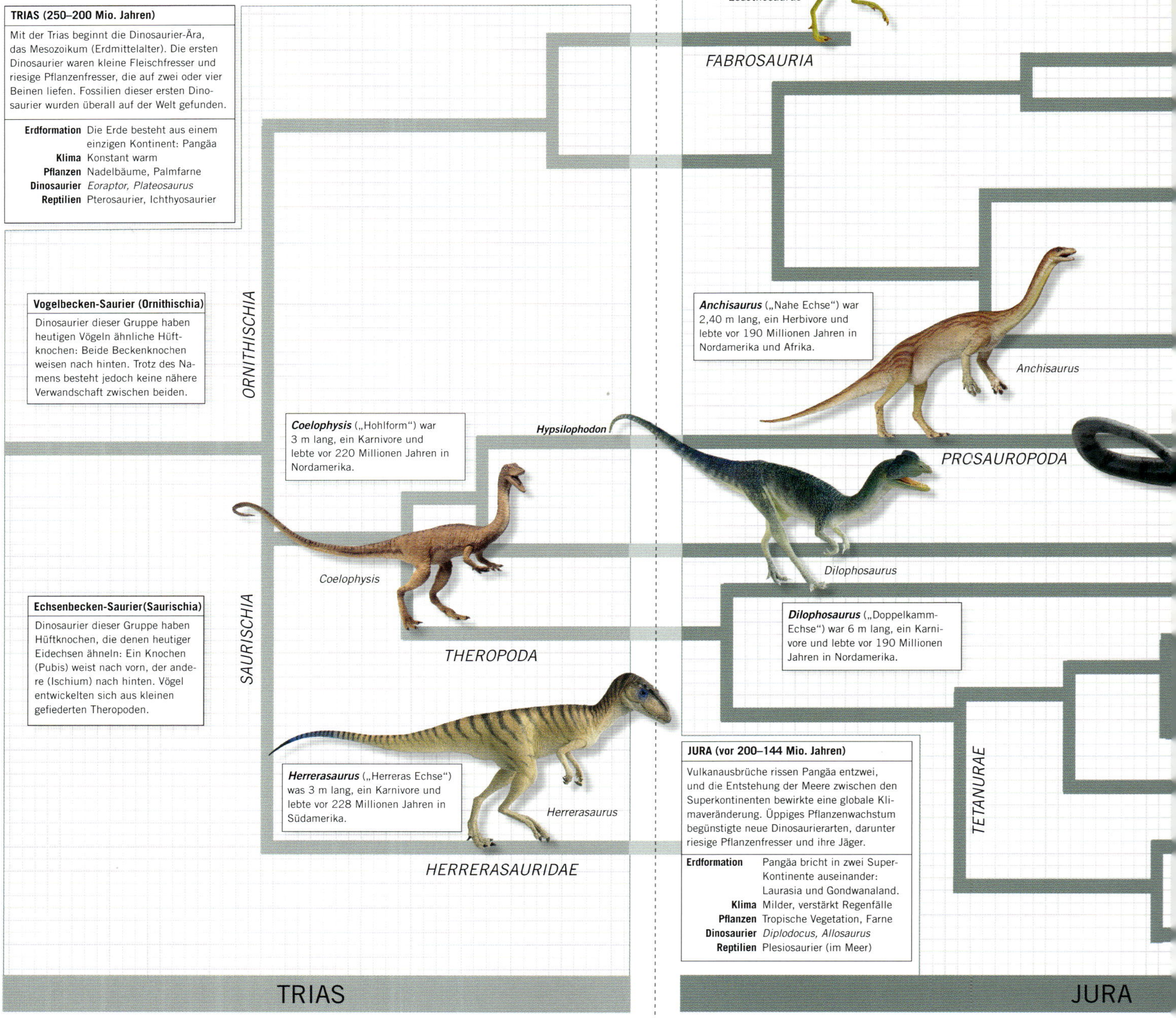

Lesothosaurus („Lesotho-Echse“) was 1 m lang, ein Herbivore und lebte vor 195 Millionen Jahren in Südafrika.

Anchisaurus („Nahe Echse“) war 2,40 m lang, ein Herbivore und lebte vor 190 Millionen Jahren in Nordamerika und Afrika.

Coelophysis („Hohlform“) war 3 m lang, ein Karnivore und lebte vor 220 Millionen Jahren in Nordamerika.

Dilophosaurus („Doppelkamm-Echse“) war 6 m lang, ein Karnivore und lebte vor 190 Millionen Jahren in Nordamerika.

Herrerasaurus („Herreras Echse“) was 3 m lang, ein Karnivore und lebte vor 228 Millionen Jahren in Südamerika.

JURA (vor 200–144 Mio. Jahren)

Vulkanausbrüche rissen Pangäa entzwei, und die Entstehung der Meere zwischen den Superkontinenten bewirkte eine globale Klimaveränderung. Üppiges Pflanzenwachstum begünstigte neue Dinosaurierarten, darunter riesige Pflanzenfresser und ihre Jäger.

Erdformation Pangäa bricht in zwei Super-Kontinente auseinander: Laurasia und Gondwanaland.
Klima Milder, verstärkt Regenfälle
Pflanzen Tropische Vegetation, Farne
Dinosaurier *Diplodocus, Allosaurus*
Reptilien Plesiosaurier (im Meer)

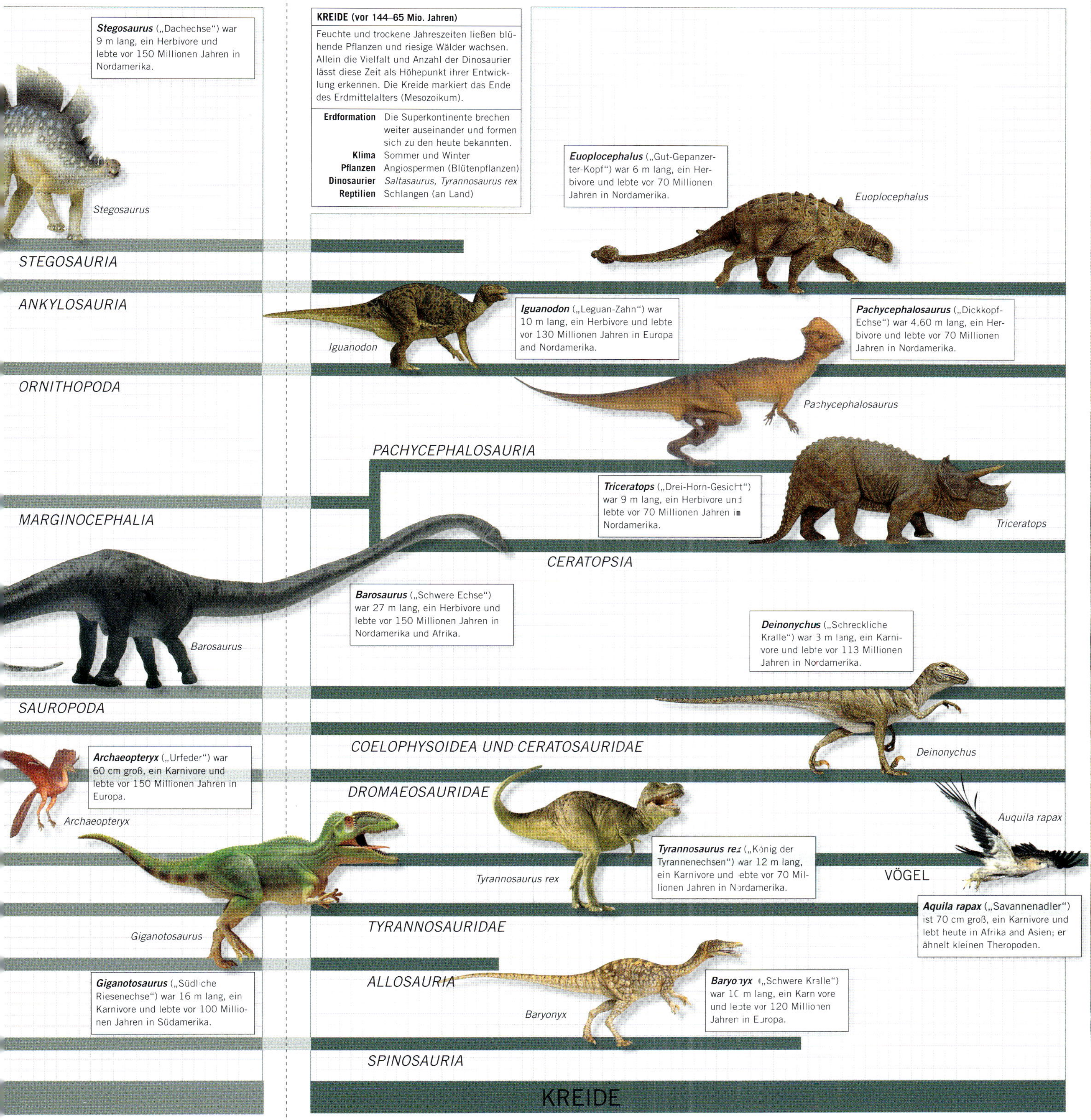

KREIDE (vor 144–65 Mio. Jahren)

Feuchte und trockene Jahreszeiten ließen blühende Pflanzen und riesige Wälder wachsen. Allein die Vielfalt und Anzahl der Dinosaurier lässt diese Zeit als Höhepunkt ihrer Entwicklung erkennen. Die Kreide markiert das Ende des Erdmittelalters (Mesozoikum).

Erdformation	Die Superkontinente brechen weiter auseinander und formen sich zu den heute bekannten.
Klima	Sommer und Winter
Pflanzen	Angiospermen (Blütenpflanzen)
Dinosaurier	*Saltasaurus, Tyrannosaurus rex*
Reptilien	Schlangen (an Land)

Stegosaurus („Dachechse") war 9 m lang, ein Herbivore und lebte vor 150 Millionen Jahren in Nordamerika.

Euoplocephalus („Gut-Gepanzer-ter-Kopf") war 6 m lang, ein Herbivore und lebte vor 70 Millionen Jahren in Nordamerika.

Iguanodon („Leguan-Zahn") war 10 m lang, ein Herbivore und lebte vor 130 Millionen Jahren in Europa and Nordamerika.

Pachycephalosaurus („Dickkopf-Echse") war 4,60 m lang, ein Herbivore und lebte vor 70 Millionen Jahren in Nordamerika.

Triceratops („Drei-Horn-Gesicht") war 9 m lang, ein Herbivore und lebte vor 70 Millionen Jahren in Nordamerika.

Barosaurus („Schwere Echse") war 27 m lang, ein Herbivore und lebte vor 150 Millionen Jahren in Nordamerika und Afrika.

Deinonychus („Schreckliche Kralle") war 3 m lang, ein Karnivore und lebte vor 113 Millionen Jahren in Nordamerika.

Archaeopteryx („Urfeder") war 60 cm groß, ein Karnivore und lebte vor 150 Millionen Jahren in Europa.

Tyrannosaurus rex („König der Tyrannenechsen") war 12 m lang, ein Karnivore und lebte vor 70 Millionen Jahren in Nordamerika.

Aquila rapax („Savannenadler") ist 70 cm groß, ein Karnivore und lebt heute in Afrika and Asien; er ähnelt kleinen Theropoden.

Giganotosaurus („Südliche Riesenechse") war 16 m lang, ein Karnivore und lebte vor 100 Millionen Jahren in Südamerika.

Baryonyx („Schwere Kralle") war 10 m lang, ein Karnivore und lebte vor 120 Millionen Jahren in Europa.

REGISTER

Fett gesetzte Seitenzahlen verweisen auf ausführliche Textstellen im Buch.

A
Aas 12
Aasfresser 12, **36**
Allosaurus 44
Alphadon 15
Alvarez, Luis 46, 47
Ammoniten 10
Amphibien 8, 9
Anatotitan **34–41**
Anchisaurus 64
Anhanguera 13
Ankylosaurier 15, 65
Ankylosaurus 15
Aquila rapax 65
Archaeopteryx 52, 65
Archelon 11
Ausgrabungen **56–57**, 58
Aussterben 46, 48, **58**

B
Baby Louie (Embryofossil) 19
Barosaurus 65
Baryonyx **45**, 65
Beute 10, 11, 32
Beuteltier(e) 15
Blutgefäße 26, 27, 40
Brown, Barnum 6, 7

C
Caudipteryx 61, 63
Ceratopsia 14
Coelophysis **44**, 64
Compsognathus **44**
Cope, Edward Drinker 7

D
Deinodon horridus 7
Deinonychus 65
Dilong paradoxus 20, 61
Dilophosaurus **44**, 64
Dinosauria 63, 64
Dinosaurier
  als Vögel 61
  Aussterben der 46–47, 51–53
  Embryos 18, 19
  erste 8, 10
  Fußabdrücke 34
Drahtgittermodell 59, 60
3-D-Darstellung 60
Dromaeosaurus 14
Dsungaripterus 13
durchbohren und aufreißen 41

E
Echsenbecken-Saurier (Saurischia) 26, 64
Edmontosaurus 36, **37**
Eizahn 18
Eindringling 12, 36
Elasmosaurus 10, 62
Embryo 18
Entenschnabel-Saurier 14
entwickeln 61
Eoraptor 62
Erde 8–9, 55
  Atmosphäre **51**
  Klimawandel 51
  Vulkane 51
Erosion 55, 58
Euoplocephalus 38, **39**, 65

F
Federn (Gefieder) 20, 61, 64, 65
Felsgestein 54, 55
Fisch 10, 12, 13
Fleischfresser 8, 44–45
Foraminiferen 46
Fossilabdruck 52, 53
Fossilfunde, Atlas der **62–63**
Fossilien 6, 19, 52, 53
  Ausstellung von 59–60
  präparieren **58**
  Skelette 58
Fundort 56

G
Gallimimus 63
gehörnte Dinosaurier 14
Gelege 17
Germanodactylus 13
Gestell 59
Giganotosaurus 16, **45**, 62, 65
Gipshülle 57, 58
Gnathosaurus 13
Golf von Mexiko 48, 49
Gondwanaland 8, 64
Grabungsort 58
  Aufsicht 57

H
Hadrosaurier **14**, 34
Haltung 24
Hautabdrücke **60**
Hendrickson, Sue 30
Herbivoren (Pflanzenfresser) 14, 34, 51
Herden 14, 34
Herrerasaurus 64
Hypsilophodon 63, 64

I
Ichthyosaurier 62
Ichthyosaurus 62
Iguanodon 65
Insekten 10, **15**
Iridium 46, 47, 49

JK
Jagdrevier 15
Jungtiere 16
Jura (Periode) 8, 64
Kalkstein 46
Kämme der Pterosaurier 13
Kampfspuren 42
Karnivoren (Fleischfresser) 14, **44–45**, 51
Kartografie (vom Fundort, Grabungsort) 56
Kehlsack 13
Klassifikation **64–65**
Knochen, Fossil- 6, 7, 59
Kontinentalplatten 54
Kontinente 8, 9
Koprolith (Kot, Dung) 22
Krater, Meteoriten- **47**, 48, **49**
Kreide (Periode) 9, **10–11**, 14, 16, 46, 65
K-T-Grenze 46

L
Labor 58
Laurasia 8
Leptoceratops 43
Lesothosaurus 63, 64
Libellen 15
Luftwiderstand 13

M
Maiasaura 14
Manospondylus gigas 7
Meeresreptilien 62
Megalosaurus **45**, 63
Meteoriten **46–49**
  Hinweise auf 49
Migration 34
Minmi 63
Mononykus 61
Mosasaurier 10, **62**
Museum für Naturgeschichte, New York 6
Muttaburrasaurus 63
Muttergestein 6, **58**

NO
Nahrungskette 10
Ornithischia (Vogelbecken-Saurier) 26, **64**
Osborn, Sir Henry 7
Oviraptor 63
Owen, Sir Richard

P
Pachycephalosaurus 65
Paläontologen 24, 55
Pangäa 8
Peloneustes 62
Perm (Periode) 8
Permineralisation 52
Pigmente 28

Pflanzenfresser 8
Plesiosaurier 8, 9, 62
Pliosaurier 62
Prädatoren 10
Präparatoren 58,59
Protoceratops 63
Psittacosaurus 63
Pteranodon ingens 13
Pterosaurier (Flugsaurier) 8, 9, **12–13**
  Kamm 13

QR

Quetzalcoatlus 12,13
räumliches Sehen 29
Rekonstruktion 24, 25, 58, 60–61
Reptilien 8, 10

S

Säugetiere 10, 15
saurer Regen 51
Saurischia (Echsenbecken-Saurier) 26, **64**
Schädel 39
Schildkröte 11
Schrittmaß 25
Sediment (-Gestein) 6, 46, 52, **53**, 54
Sinne 29, 32
Sinosauropteryx 61
Spannweite 12
Spezialwerkzeuge 58
Spitzenprädator 11
Spurenfossilien 8, 34
Stan (*T.-rex*-Fossil) 28
Stegosaurus 65
Streuungskarte von Fossil-Fundorten 56
Sue (*T.-rex*-Fossil) **30–31**
Superkontinent 8, 64

T

Territorium 42
Tertiär (Periode) 46
Theropoden 20, **44–45**
Trias (Periode) 64
Triceratops 14, 36, 38, 65
Tropeognatus 13
Tsunamis 50
Tuojiangosaurus 63
Tylosaurus **10–11**, 62
Tyrannosaurier 18, 19, 20, 21
Tyrannosaurus rex (*T. rex*) 16, 51, 65
  Anatomie **24–25**
  Baby 18, 19, **20–21**
  Eier 16, 17, 18
  Entdeckung des 6–7
  Fußabdruck 22
  Fußknochen 23, 24
  Gangart 23, 24, **25**
  Geruchssinn 29, 33
  Gewicht 25
  Haltung 24
  Haut 28
  Jagd 32–41
  Kämpfe (zw. Artgenossen) 42–43
  Koprolith (Kot) 22
  Lebenszyklus 16
  Nahrung 20, 36, 40, **41**
  Namengebung 7
  Nest 16, 17
  Schrittmaß und Geschwindigkeit 25, 37
  Skelett 7, **23**, 24, 31, 54, 58
  Tod des **51–53**
  Verdauungssystem 26
  Versteinerung 53–55
  Weibchen 16, 17
  Zähne **23**, 25, 29, 40, **41**
  Zehen 23, 24

UV

Umweltveränderungen 51
Velociraptor 63
Versteinerung 53
Verteidigung 35, 36
Vögel, Entwicklung der 61
Vogelbecken-Saurier (Ornithischia) 26, 64

WXYZ

Warmblüter 27
Wirbel 24, 25
Yucatán, Halbinsel in Mexiko 47, 49
Zerfallener Zustand 58

Der Verlag hat mit größter Sorgfalt versucht, alle Inhaber von Urheberrechten ausfindig zu machen, und bittet Urheberrechtsinhaber, die nicht aufgeführt sind, herzlich, sich an ihn zu wenden.

BILDNACHWEIS

Der Verlag dankt folgenden Personen und Institutionen für die freundlicherweise erteilte Abdruckgenehmigung ihrer Fotos:

Abkürzungen: (o) = oben, (u) = unten, (ol) = oben links, (ul) = unten links, (or) = oben rechts, (ur) = unten rechts, (oM) = oben Mitte, (uM) = unten Mitte, (uMr) = unten Mitte rechts, (uMl) = unten Mitte links, (Mro) = Mitte rechts oben, (Mru) = Mitte rechts unten), (Mlo) = Mitte links oben, (Mlu) = Mitte links unten.

4–5: Peter Larson/©1990 BHIGR; **6**: Bettmann/Corbis; **7**: Bettmann/Corbis (u); **19**: Louie Psihoyos/Stone Company.com Inc (ur); **20** : Mick Ellison (ol); **22** :DK Images/m. Gen. des American Museum of Natural History (ol), DK Images/m. Gen. des American Museum of Natural History (oM), Danny Lehman/Corbis (or), The Field Museum (ul), Royal Saskatchewan Museum (uM), The Field Museum (ur); **23**: DK Images/m. Gen. des Natural History Museum, London (ol), DK Images/m. Gen. des Royal Tyrrell Museum of Palaeontology, Alberta, Kanada (ul); **27**: 'Science' (u); **28**: Ed Gerken/© 1996 BHIGR (o); **29**: The Field Museum (ur); **30**: The Field Museum (or), Peter Larson/©1990 BHIGR (ul); **30–31**: Peter Larson/©1990 BHIGR (u); **31**: Peter Larson/©1990 BHIGR (or), The Field Museum (ur); **34**: Tom Bean/Corbis (ol); **36**: DK Images/ M. Gen. des Royal Tyrrell Museum of Palaeontology, Alberta, Kanada (ul); **37**: DK Images/m. Gen. des American Museum of Natural History (ul), DK Images/m. Gen. des American Museum of Natural History (uMr); **41**: DK Images/m. Gen. des Natural History Museum, London (ur); **45**: DK Images/m. Gen. des Natural History Museum, London (ol), DK Images/Jonathon Hateley (u); **46**: Science Photo Library/Prof. Walter Alvarez (o), Science Photo Library/Alfred Pasieka (ul), Roger Ressmeyer/Corbis (ur); **47**: Science Photo Library/Geological Survey of Canada (o), G Larson (u); **49**: Charles and Josette Lenars/Corbis (or); **51**: Altrendo/Getty Images (ul), Image Bank/Getty Images (ur); **52**: Science Photo Library/Hervé Conge, ISM (ur); **55**: Science Photo Library/David Nunuk (ol); **56**: Nate Murphy/Judith River Dinosaur Institute (ur); 56-57: Nate Murphy/Judith River Dinosaur Institute (u); **57**: Nate Murphy/Judith River Dinosaur Institute (ur); **58**: Corbis (ur); **61**: Corbis/Louie Psihoyos (Kasten links), Natural History Museum, London (Kasten rechts); **62**: DK Images/Graham High, Centaur Studios (ol), DK Images/m. Gen. des Natural History Museum, London (Mr), DK Images/Roby Braun (Mlu), DK Images/Roby Braun (Mru); **63**: DK Images/Graham High, Centaur Studios (Mlo), DK Images/m. Gen. des Natural History Museum, London (Mr), DK Images/m. Gen. des Natural History Museum, London (Mro), DK Images/Roby Braun (uM), DK Images/Courtesy of Queensland Museum, Brisbane, Australien (ur); DK Images/Roby Braun (Mlu); **64**: DK Images/Roby Braun (or), DK Images/Roby Braun (Mu), DK Images/Roby Braun (Mr), DK Images/Roby Braun (Mro); **65**: DK Images/m. Gen. des Natural History Museum, London (ul), DK Images/Centaur Studios (u), DK Images/m. Gen. des National Birds of Prey Centre, Gloucestershire (ur). Alle anderen © Dorling Kindersley. Weitere Informationen finden Sie unter: www.dkimages.com.

A Dorling Kindersley Book
www.dk.com

Originaltitel:
DK Experience / *Dinosaur*

Deutsche Lizenzausgabe:

Benzstraße 56
D-71272 Renningen
www.garant-verlag.de

Übertragung ins Deutsche:
Kirsten E. Lehmann, Köln

Herstellung der deutschen Ausgabe:
Maasburg GmbH, München

ISBN: 978-3-86766-362-5